制造业先进技术系列

高强度单螺栓连接计算

——VDI 2230 – 1:2015 标准

理论解读及程序实现

万朝燕　谢素明　李晓峰　编著

机械工业出版社

本书对德国标准 VDI 2230 – 1：2015 *Systematic calculation of highly stressed bolted joints：Part 1 Joints with one cylindrical bolt*（高强度螺栓连接系统计算：第 1 部分 单圆柱螺栓连接）进行研读、讨论。探寻了标准中公式的来源及理论依据，与我国传统的机械设计算法进行了对比分析；编制了 VDI 算法的程序框图和 MATLAB 子程序；分析了 R0～R13 计算步骤及其所涉及的参数选取依据、计算公式及相关强度条件等；以工程应用中某单螺栓连接为例进行分析、计算及强度校核，并针对计算结果提出改进措施；对该标准使用中常见的困惑、应用误区等进行了分析讨论，并给出处理建议。

本书可供从事螺栓连接设计人员及相关科研人员参考。

图书在版编目（CIP）数据

高强度单螺栓连接计算：VDI 2230 – 1：2015 标准理论解读及程序实现/万朝燕，谢素明，李晓峰编著. —北京：机械工业出版社，2023.6（2024.11 重印）
（制造业先进技术系列）
ISBN 978-7-111-73044-6

Ⅰ.①高… Ⅱ.①万… ②谢…③李… Ⅲ.①高强螺栓–螺栓联接
Ⅳ.①TH131.3

中国国家版本馆 CIP 数据核字（2023）第 083337 号

机械工业出版社（北京市百万庄大街 22 号 邮政编码 100037）
策划编辑：吕德齐　　　　　　责任编辑：吕德齐 贺 怡
责任校对：龚思文 王明欣　　封面设计：马精明
责任印制：邓 博
北京盛通数码印刷有限公司印刷
2024 年 11 月第 1 版第 3 次印刷
169mm×239mm · 11.25 印张 · 217 千字
标准书号：ISBN 978-7-111-73044-6
定价：59.00 元

电话服务　　　　　　　　网络服务
客服电话：010-88361066　机 工 官 网：www.cmpbook.com
　　　　　010-88379833　机 工 官 博：weibo.com/cmp1952
　　　　　010-68326294　金 书 网：www.golden-book.com
封底无防伪标均为盗版　机工教育服务网：www.cmpedu.com

序

在工程设计领域，有时彻底弄懂一些看似简单的设计并不容易，因为这些表面看似简单的事物，其中蕴含的道理却很深。在《机械设计手册》中，与其他传动设计相比较，螺栓设计看起来相对简单，但是要想将看起来相对简单的螺栓设计搞出高水平来，涉及的力学计算过程其实并不简单。

在我国高速动车组的螺栓连接设计过程中，制造工厂引进了关于高强度螺栓连接计算的德国 VDI 标准，这个标准的权威性毋庸置疑，但是从理论上彻底消化与吸收这个标准却不太容易。因为它综合考虑了螺栓与被夹紧件的连接形式、具体尺寸、材料特性、装配方法、加载方式、经验计算公式，尤其是其中涉及了一些较深的力学原理，所以当下制造工厂的工程师迫切需要解读资料以及计算工具，帮助他们在设计过程中主动而不是被动地用好这个高水平的设计标准。

在编著这本书之前，万朝燕教授已经为工厂的一些设计工程师培训过德国 VDI 标准，谢素明教授、李晓峰教授也应用 VDI 标准完成了多项轨道车辆车体结构中螺栓连接强度的校核工作，从而积累了许多有价值的应用经验。基于这些经验，三位作者对设计工程师的需求在细节上有了很充分的了解。针对这些细节需求，由万朝燕教授牵头，三位作者用了一年多的时间编著了本书，并将本书定义为"德国标准理论的解读及程序实现"，我同意他们的这一定义。读者在阅读本书的具体内容之前，只要读一下本书的目录，也会同意我的上述看法。

我与三位作者共事 20 多年，我认为他们都是教学、科研第一线的优秀教师，其一丝不苟认真负责的态度深受本科生和研究生们的称赞，也得到了与之合作的多家工厂的认可，而书中内容的严谨，正是这三位作者严谨治学态度的延伸。

"基础研究搞不好，应用研究将不可能搞好。"这一见解已经成为许多有识之士的普遍共识，为了缩短与制造业发达国家的差距，加强基础研究非常必要，而本书的出版应该是这个方向上一个值得肯定的努力。

前　言

VDI（Verein Deutscher Ingenieure）——德国工程师协会，成立于 1856 年，为世界工程组织联合会（WFEO）的正式成员。德国 VDI 标准是现行最严格的标准，其中 VDI 2230 - 1 标准 *Systematic calculation of highly stressed bolted joints: Part 1 Joints with one cylindrical bolt*（高强度螺栓连接系统计算：第 1 部分　单圆柱螺栓连接）是综合考虑了螺栓与被夹紧件的连接形式、具体尺寸、材料的特性、装配方法、加载方式等，通过经验计算公式来设计计算螺栓连接的方法，同时也是一种考虑因素较为全面、算法较为完善、计算结果较为准确的方法。该标准已用于实践 40 余年，除在欧盟、北美被广泛应用外，在我国也已被各行业认可并引用。

VDI 2230 - 1 标准适用于强度等级为 8.8 ~ 12.9 或 70、80，通过摩擦传递工作载荷的钢制螺栓（螺纹牙型角为 60°）。与我国以往的常规算法——《机械设计手册》等书中介绍的方法（以下称机械设计算法）相比，VDI 2230 - 1 标准中介绍的方法（以下称 VDI 算法）的主要区别有：①分别根据螺栓和被夹紧件的材料和尺寸，采用计算法确定其柔度，特别是将被夹紧件受压区域内压缩变形体的轴向柔度作为被夹紧件的轴向柔度；②考虑了螺栓头部及螺母支承面区域、旋合螺纹副负载侧面、被夹紧件之间接触界面所发生的"嵌入"和由于工作环境温度所造成的预加载荷的损失；③考虑了不同拧紧方式对装配预加载荷值离散性的影响；④考虑了轴向工作载荷作用位置对传力分配比例的影响，并通过载荷引入系数将其体现于计算中。

正是由于 VDI 算法比机械设计算法涉及的因素更多、更全面，人们在应用中难免会遇到各种各样的问题。因此，从源头探究其计算方法的理论基础和基本原理，就显得十分必要。

本书从螺栓连接的弹簧模型入手，由原本比较熟悉的机械设计算法出发，依循现有的相关资料，一步步探索 VDI 算法的原始依据并对其进行研读分析。力求使我们与读者一起更好地理解并科学、合理地运用 VDI 2230 – 1 中单螺栓连接的算法，是我们编写本书的初衷。

本书各章节讨论机械设计算法时，尽量依据 VDI 算法的顺序，以方便对比理解。请读者参考机械设计教材或手册时加以注意。为方便读者较为连贯、系统地阅读本书，附录提供了主要符号表。同时，也考虑到读者大多熟悉我国传统的机械设计算法，且许多必需的基础知识是从不同的参考文献中获得的，因此在必要时，我们采用了加注和对比的方法说明其相互对应关系，以方便读者更好地理解 VDI 2230 – 1 标准。为使读者既便于理解编程的主要思路，又有发挥空间，书中没有将适用于各种情况的繁复通用程序列出，仅针对复杂部分（如：被夹紧件柔度计算）给出框图，其他部分则视具体情况给出易读、易改、易拓展的小段子程序。

我国各行业的螺栓连接设计者，在 VDI 2230 – 1 标准的使用过程中积累了丰富的经验，值得我们认真学习和借鉴。"知之愈明，则行之愈笃；行之愈笃，则知之益明。"对 VDI 2230 – 1 的正确理解、消化和应用，需要有一个过程。多年来我们一直在实践中努力探索，但由于水平有限，难免理解分析欠妥。本书抛砖引玉，望各位同仁及读者不吝赐教。

感谢导师兆文忠教授在本书的酝酿、编写过程中，所给予的鼓励、引导和帮助。另外，作者在与方吉老师、李娅娜老师、王剑老师，研究生李跃、仲浩然、潘虹宇等同学探讨问题的过程中，开拓了思路，并对一些问题有了更深的理解；研究生王盛东、李慧颖、刘红霞、张宇昊、张纪丰、张岱霖、刘争、杨鑫等同学热心帮助收集下载资料、输入公式、绘制插图，在此一并表示感谢。感谢关心、帮助、支持本书编著工作的所有老师同学。

作　　者

目　　录

第1章　螺栓连接系统的受力分析

VDI 2230 – 1 研究的是高强度螺栓连接系统中的单螺栓连接。然而，为使螺栓连接能够承受足够的工作载荷，可靠地完成预期工作，大多数螺栓连接都是成组使用的。为减少所用螺栓的规格和提高连接的结构工艺性，组内各螺栓通常具有相同的材料、直径、长度、性能等级、规格等。要想对单个螺栓连接进行分析计算，首先需要解决如何从成组的螺栓连接（VDI 2230 – 1 中常称为螺栓连接系统；《机械设计手册》中常称为螺栓组）中，分离提取出单螺栓连接，科学合理地确定其所受载荷的问题，才能为下一步的分析计算打下基础。

这里及后续各章将 VDI 2230 – 1 标准（高强度螺栓连接系统计算：第1部分单个圆柱螺栓连接）中对螺栓连接的计算方法（以下简称 VDI 算法）和我国《机械设计手册》等书中的计算方法（以下简称机械设计算法）进行对比分析。

在没有特别说明处，本书中所指的"螺栓连接"均为广义的（VDI 2230 – 1 中的 BJ），既包含狭义的"螺栓连接"（VDI 2230 – 1 中的 TBJ），又包含"螺钉连接"（VDI 2230 – 1 中的 TTJ）。

1.1　机械设计算法中螺栓连接系统的受力分析

众所周知，螺栓连接通过单个或多个螺栓将两个或多个零部件连为一体（一般为可拆连接），可在被夹紧件（机械设计算法中常称为"被连接件"[1-4]）之间传递力和力矩，是较为常用的机械静连接之一。而将一个零件与其他零部件连接，其实质是约束该零件相对于其他零部件在空间的六个自由度，故螺栓组受力可分为：轴向力 F_Y，横向力 F_X、F_Z，翻转力矩 M_X、M_Z，扭矩 M_Y（见图1-1）。

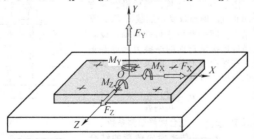

图1-1　约束零件的六个自由度

对于螺栓连接，机械设计算法[1-4]的分析计算思路为：首先对螺栓组连接进行受力分析，从中确定有可能受力最为不利的一个或几个螺栓，然后分别计算出这一个或几个螺栓所受的外载荷，再对它们分别进行单螺栓的受力分析及强度计算等（见图1-2）。顺便说一下，对于受力较为复杂的螺栓组，一般需具体计算后才能确定究竟是哪一个（或哪几个）螺栓受力最为不利。

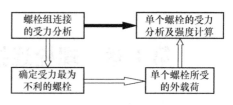

图 1-2　螺栓连接机械设计算法的分析计算思路

分析时，通常做以下假设：①被夹紧件为刚体（受翻转力矩时除外）；②各螺栓的刚度及预加载荷（与机械设计算法中的术语"预紧力"[1-4]相匹配，详见2.3节）都相同；③螺栓的应变没有超出弹性范围。

为方便复习机械设计算法，并为理解 VDI 算法打下基础，现采用机械设计算法对几种典型的螺栓组进行受力分析[1-4]，见表1-1。尽管本书探讨的 VDI 算法是针对普通螺栓连接的，但为保持机械设计算法介绍的完整性，表1-1 将铰制孔螺栓（受剪螺栓，靠螺栓杆受剪切和螺栓与被夹紧件孔表面的挤压来传递横向外载荷）组连接的受力分析一并列入。

表1-1　采用机械设计算法对几种典型的螺栓组进行受力分析

螺栓组连接的载荷	工作要求	机械设计算法的计算式及图例[1-4]
轴向载荷 F_Σ	连接应预紧，受载后应保证紧密性	例：普通螺栓连接 图示为气缸盖螺栓连接，其载荷通过螺栓组形心，因此各螺栓分担的工作载荷 F_A 相等。设螺栓数量为 n_S，则每个螺栓所受的工作拉力为 $$F_A = \frac{F_\Sigma}{n_S}$$
横向载荷 F_R	连接应预紧，受横向载荷后，被夹紧件之间不得有相对滑动	例：普通螺栓连接 图示为板件连接，螺栓沿载荷方向布置。螺栓仅受预加载荷 F_V，靠结合面间的摩擦来传递载荷。设各螺栓连接结合面的摩擦力相等并集中在螺栓中心处，则每个螺栓所受的预加载荷为 $$F_V \geq \frac{K_f F_R}{n_S \mu_T q_F}$$ 式中 μ_T——结合面静摩擦系数 q_F——传递横向载荷的结合面数量 K_f——考虑摩擦传力的可靠系数

（续）

螺栓组连接的载荷	工作要求	机械设计算法的计算式及图例[1-4]
横向载荷 F_R	连接应预紧，受横向载荷后，被夹紧件之间不得有相对滑动	例：铰制孔螺栓连接 图示为板件连接，靠螺栓受剪切和螺栓与被夹紧件孔表面的挤压来传递横向外载荷。每个螺栓所受的横向剪切力为 $$F_Q = \frac{F_R}{n_S}$$ 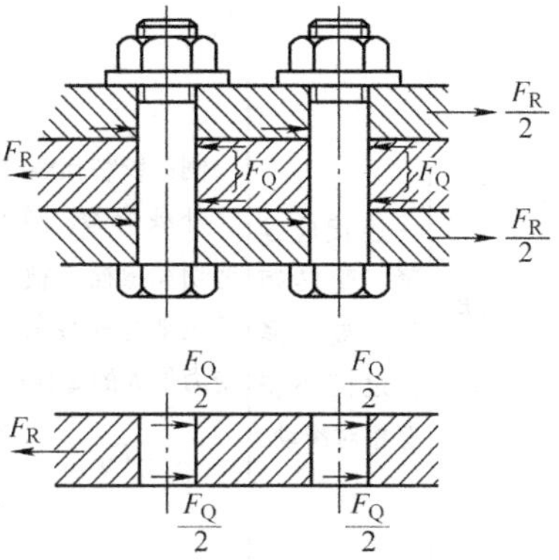
扭转力矩 M_Y	连接应预紧，受转矩后，被夹紧件之间不得有相对滑动	例：普通螺栓连接 如图，在 M_Y 作用下，底板有绕通过螺栓组形心的轴线 $O—O$（简称旋转中心）旋转的趋势。靠螺栓预紧后在结合面间产生的摩擦力矩来与外载荷平衡。设各螺栓连接结合面的摩擦力相等并集中在螺栓中心处，与螺栓中心至底板旋转中心 O 的连线垂直，则每个螺栓所受的预加载荷为 $$F_V \geqslant \frac{K_f M_Y}{\mu_T \sum_{i=1}^{n_S} r_i}$$ 式中　r_i——螺栓 i 的轴线至底板旋转中心的距离 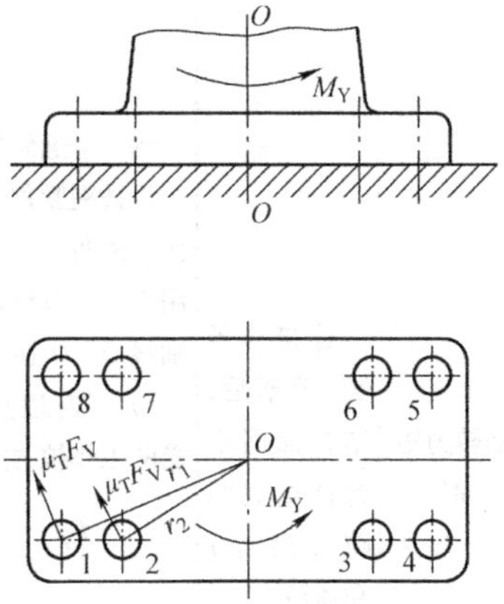

（续）

螺栓组连接的载荷	工作要求	机械设计算法的计算式及图例[1-4]
扭转力矩 M_Y	连接应预紧，受转矩后，被夹紧件之间不得有相对滑动	例：铰制孔螺栓连接 外载荷 M_Y 同上。靠螺栓杆受剪切和螺栓与被夹紧件孔表面的挤压来与外载荷平衡。螺栓组中受力最大的螺栓所受的力为 $$F_{Q\,max} = \frac{M_Y r_{max}}{\sum_{i=1}^{n_S} r_i^2}$$ 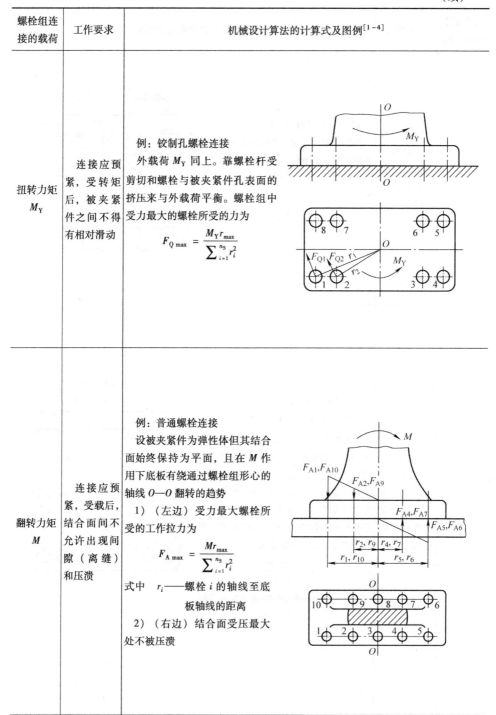
翻转力矩 M	连接应预紧，受载后，结合面间不允许出现间隙（离缝）和压溃	例：普通螺栓连接 设被夹紧件为弹性体但其结合面始终保持为平面，且在 M 作用下底板有绕通过螺栓组形心的轴线 $O—O$ 翻转的趋势 1）（左边）受力最大螺栓所受的工作拉力为 $$F_{A\,max} = \frac{M r_{max}}{\sum_{i=1}^{n_S} r_i^2}$$ 式中 r_i——螺栓 i 的轴线至底板轴线的距离 2）（右边）结合面受压最大处不被压溃

（续）

螺栓组连接的载荷	工作要求	机械设计算法的计算式及图例[1-4]
翻转力矩 M	连接应预紧，受载后，结合面间不允许出现间隙（离缝）和压溃	$$p_{QL\ max} = \frac{n_S F_V}{A} + \left(1 - \frac{c_1}{c_1 + c_2}\right)\frac{M}{W} \leqslant p_{Q\ zul\ L}$$ 式中　A——结合面的有效面积 　　　c_1——螺栓的刚度 　　　c_2——被夹紧件的刚度 　　　W——结合面的有效抗弯截面模量 　　　p_{QL}——挤压应力 　　　$p_{Q\ zul\ L}$——许用挤压应力 3）（左边）结合面受压最小处不出现离缝 $$p_{QL\ min} = \frac{n_S F_V}{A} - \left(1 - \frac{c_1}{c_1 + c_2}\right)\frac{M}{W} > 0$$

几点说明：

1）实际应用中，螺栓组连接所受的工作载荷常为以上四种简单受力状态的不同组合。此时，先分别计算出该螺栓组在所含有的各种简单受力状态下每个螺栓的工作载荷，然后针对每个螺栓，将作用于其上的几种载荷进行叠加，即可分别得到各个螺栓上的总工作载荷。

2）一般情况下，对普通螺栓连接可按轴向载荷或/和翻转力矩确定螺栓的工作拉力；按横向载荷或/和扭转力矩确定螺栓连接所需的残余预加载荷，进而求得预加载荷，然后求出螺栓的总拉力。对铰制孔螺栓则按横向载荷或/和扭转力矩确定螺栓的工作剪力及螺栓连接所受的挤压力。

3）有些螺栓连接除上述所列要求外，还需要满足其他要求（如紧密性要求等），故而影响螺栓的受力。

1.2　VDI 算法中螺栓连接系统的受力分析概述

与所有工程结构的分析一样，计算螺栓连接，首先必须将其抽象为可计算的力学模型。在 VDI 2230 标准[5,6]中，单（轴）螺栓连接主要采用 SBJ（单螺栓/螺钉连接）力学模型，见表 1-2 中①；双（轴）螺栓连接主要采用梁式连接的力学模型，见表 1-2 中③；多（轴）螺栓（三个及以上）连接主要采用板连接的力学模型，见表 1-2 中④~⑧。根据连接的几何结构，可参照表 1-2 将复杂静不定的螺栓连接系统分成几个 SBJ 进行计算，其计算结果的质量取决于局部载荷确定的准确性。

表 1-2　VDI 2230-1 中螺栓连接系统的力学模型及计算方法概述[5]

螺栓连接	单螺栓连接				多螺栓连接			
	同心或偏心		平面		轴对称		对称	不对称
连接 几何图形	圆柱或棱柱体	梁	梁	圆板	带密封垫圈法兰	带平支承面法兰	矩形多螺栓连接	多螺栓连接
	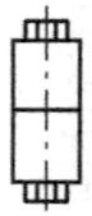 图①	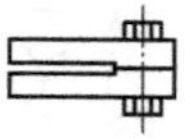 图②	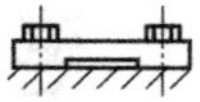 图③	 图④	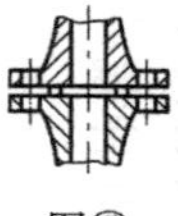 图⑤	 图⑥	 图⑦	 图⑧
相关载荷								
力和力矩	轴向力 F_A 横向力 F_Q 工作力矩 M_B	轴向力 F_A 横向力 F_Q 梁平面中的力矩 M_Z	轴向力 F_A 横向力 F_Q 梁平面中的力矩 M_Z	内部压强 p	轴向力 F_A（管力） 工作力矩 M_B 内部压强 p	轴向力 F_A 扭矩 M_T 工作力矩 M_B	轴向力 F_A 横向力 F_Q 扭矩 M_T 工作力矩 M_B	轴向力 F_A 横向力 F_Q 扭矩 M_T 工作力矩 M_B
计算依据 及方法	VDI 2230	含附加条件的梁的弯曲理论	VDI 2230 限制处理	内部压强 p 板理论	DIN EN 1591 AD 2000 注 B7	使用简化模型限制处理	VDI 2230 限制处理	VDI 2230 限制处理
					有限元法（FEM）			

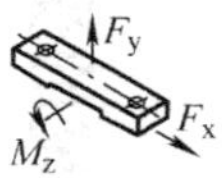

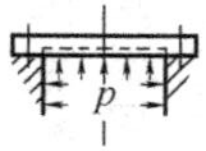

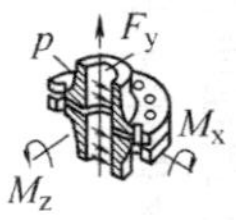

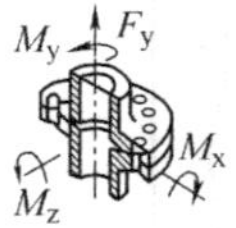

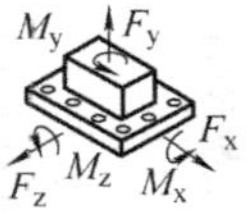

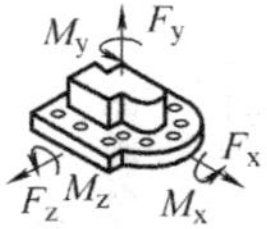

注：此表为 VDI 2230-1：21015 的中文翻译版，表中第 5 行各图中的符号 F_X、F_Y、F_Z 分别表示在空间直角坐标系 $O-XYZ$ 中的与 X 轴、Y 轴、Z 轴方向一致的力；M_X、M_Y、M_Z 分别表示绕 X 轴、Y 轴、Z 轴的力矩。表中第 6 行各图中的符号 F_A 和 F_Q 分别表示螺栓连接中的轴向力和横向力；M_B、M_Z 和 M_T 分别表示螺栓连接中的工作力矩、梁平面中的力矩和扭矩；p 为内部压强。

对螺栓连接系统受力详尽的分析阐述，见 VDI 2230 - 2 高强度螺栓连接系统计算[6]。

1.3 两种方法的比较及讨论

1) 机械设计算法中介绍的螺栓组连接受力分析，一般是基于理论力学中力的平衡原理和材料力学中的变形协调条件。

2) VDI 算法中螺栓连接系统的受力分析，根据不同需求，可分别采用刚体力学方法、弹性力学方法、数值计算方法（有限元方法）等进行分析计算，其中尤以有限元方法备受推崇[6]。

虽然螺栓连接外部加载的确定不在 VDI 算法讨论之列，但它却是整个螺栓连接设计计算中最为基础且颇为重要的一步。如果螺栓连接外载荷的提取不正确或误差太大，那么即使后续所有的计算再细致精确，也不可能得到符合实际情况的结果。

本章小结

本章在分别概述机械设计算法和 VDI 算法的螺栓连接系统受力分析方法的基础上，将两种方法进行了对比。为下一步单螺栓的设计计算做准备。

第 2 章　单螺栓连接的设计计算原则

VDI 算法适用于通过夹紧组件引入摩擦来传递工作载荷的高应力和高强度（性能等级 8.8～10.9 或 70、80）螺栓连接，对应于机械设计算法所指普通螺栓连接中的高强度受拉紧螺栓连接。其单螺栓连接的受力与变形关系是螺栓连接设计计算的基础和基本原则。此两种算法均基于螺栓杆及被夹紧件的弹性特征，而 VDI 算法考虑的因素较为全面，算法更加完善。

2.1　机械设计算法单螺栓连接的设计计算

1. 仅受预加载荷的紧螺栓连接

图 2-1 所示为靠摩擦传递横向力 F_Q 的受拉紧螺栓连接[1-4,7]。在装配拧紧力矩作用下，螺栓除受预加载荷 F_V 的拉伸外，还受由螺旋副间的摩擦产生的螺纹力矩 M_G 的扭转作用[1-2,7,8]。

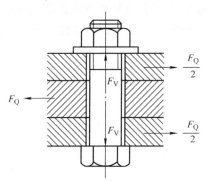

图 2-1　仅受预加载荷的紧螺栓连接

$$M_G = F_t \frac{d_2}{2} = F_V \tan(\varphi + \rho') \frac{d_2}{2} \tag{2-1}$$

式中　F_t——螺栓拧紧时，作用在螺纹中径处的圆周力；

　　　d_2——螺栓螺纹中径；

　　　φ——螺栓螺纹中径处的螺旋升角，由式（2-2）求得；

　　　ρ'——当量（单头）摩擦角，由式（2-3）求得。

$$\varphi = \arctan\left(\frac{P}{\pi d_2}\right) \tag{2-2}$$

式中 P——螺纹螺距。

$$\rho' = \arctan\left[\frac{\mu_{\mathrm{G}}}{\cos\left(\frac{\alpha}{2}\right)}\right] \tag{2-3}$$

式中 μ_{G}——螺纹的摩擦系数;

α——螺纹的牙型角,通常用于紧固的三角螺纹的牙型角为60°。

因此,对仅受预加载荷的紧螺栓连接进行强度计算时,应综合考虑由 F_{V} 导致的拉伸应力 σ_{V} 和由 M_{G} 导致的扭转切应力 τ 的作用[1-4,9]。其中 σ_{V} 由式(2-4)求得

$$\sigma_{\mathrm{V}} = \frac{4F_{\mathrm{V}}}{\pi d_{\mathrm{c}}^2} \tag{2-4}$$

式中 d_{c}——螺栓螺纹部分危险截面的直径,由式(2-5)求得。

$$d_{\mathrm{c}} = d_3 - \frac{H}{6} \tag{2-5}$$

式中 d_3——螺栓螺纹小径;

H——螺纹牙形的三角形高度,普通螺纹 $H \approx 0.866P$。

其扭转切应力 τ 由式(2-1)表达的 M_{G} 与螺栓螺纹部分危险截面的抗扭截面模量之比求得

$$\tau = \frac{M_{\mathrm{G}}}{\frac{\pi d_{\mathrm{c}}^3}{16}} = \frac{F_{\mathrm{V}}\tan(\varphi+\rho')\frac{d_2}{2}}{\frac{\pi d_{\mathrm{c}}^3}{16}} = 2\left(\frac{4F_{\mathrm{V}}}{\pi d_{\mathrm{c}}^2}\right)\frac{\tan(\varphi+\rho')\,d_2}{d_{\mathrm{c}}}$$

考虑到式(2-4),得出 τ 的计算式

$$\tau = 2\sigma_{\mathrm{V}}\frac{\tan(\varphi+\rho')\,d_2}{d_{\mathrm{c}}} \tag{2-6}$$

由于螺栓材料是塑性的,可采用第四强度理论计算。将螺栓的公称直径 d = 10~68mm 的单头米制三角形螺纹的 d_2、d_{c} 和 φ 的平均值代入式(2-6),取 ρ' = arctan0.15,考虑工程设计中的经验数据及变化,得出计算应力(也称相当应力、等效应力)为[1,7]

$$\sigma_{\mathrm{red}} = \sqrt{\sigma_{\mathrm{V}}^2 + 3\tau^2} \approx \sqrt{\sigma_{\mathrm{V}}^2 + 3(0.5\sigma_{\mathrm{V}})^2} \approx 1.3\sigma_{\mathrm{V}} \tag{2-7}$$

将式(2-4)代入式(2-7),得出螺栓螺纹部分的强度条件[1]

$$\sigma_{\mathrm{red}} = \frac{4 \times 1.3F_{\mathrm{V}}}{\pi d_{\mathrm{c}}^2} \leq \sigma_{\mathrm{zul}} \tag{2-8}$$

式中 σ_{zul}——螺栓许用拉应力。

2. 受预加载荷和轴向工作载荷的紧螺栓连接

图 2-2 所示为螺栓和被夹紧件的受力与变形。拧紧后螺栓受预加载荷 F_{V},

工作时还受到轴向工作载荷 F_A 的作用[1-4,7]。螺栓和被夹紧件均为弹性体，连接中各零件受力关系属于静不定问题。现以工作载荷 F_A 作用在螺栓头部和螺母的承压面的情况为例进行分析。

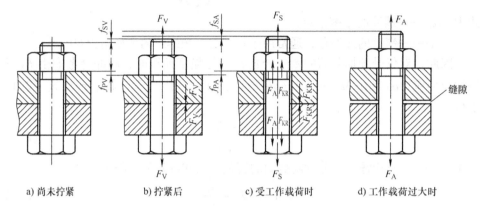

a) 尚未拧紧　　　b) 拧紧后　　　c) 受工作载荷时　　　d) 工作载荷过大时

图 2-2　螺栓和被夹紧件的受力与变形

一般情况下，螺栓的总拉力 F_S 并不等于 F_V 与 F_A 之和。当应变在弹性范围之内时，各零件的受力可根据静力平衡和变形协调条件求出[1-4,7]。

图 2-2a 所示为螺母尚未拧紧：螺栓螺母处于松弛状态，螺栓与被夹紧件均不受力，不发生变形。

图 2-2b 所示为螺母拧紧：预紧状态。根据静力平衡条件，螺栓所受拉力应与被夹紧件所受压力大小相等，均为 F_V。此时，螺栓受拉力 F_V 而产生拉伸变形 f_{SV}；被夹紧件受压力 F_V 而产生压缩变形 f_{PV}。图 2-3 a、b 分别为二者的受力 - 变形关系线图，将两图合并得图 2-3c，并与图 2-2b 相对应。由此可得：螺栓刚度 $c_1 = F_V/f_{SV}$；被夹紧件刚度 $c_2 = F_V/f_{PV}$。

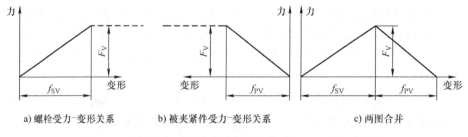

a) 螺栓受力-变形关系　　　b) 被夹紧件受力-变形关系　　　c) 两图合并

图 2-3　拧紧状态下螺栓及被夹紧件的受力 - 变形关系线图

图 2-2c 所示为施加工作载荷 F_A 后：工作状态下螺栓继续被拉伸，所受的拉力由原 F_V 上升至总拉力 F_S，拉力增量为 $(F_S - F_V)$。螺栓的拉伸变形由 f_{SV} 增加至螺栓的总变形 $(f_{SV} + f_{SA})$，伸长增量为 f_{SA}；被夹紧件随之被放松，所承受的

压力由原预加载荷 F_V 下降至残余夹紧载荷（机械设计算法中常称为"残余预紧力"[1-4]，本书按 VDI 算法统称为"残余夹紧载荷"，详见 2.3 节）F_{KR}，压力减量为 $(F_V - F_{KR})$。被夹紧件的压缩总变形由原 f_{PV} 下降至 $(f_{PV} - f_{PA})$，压缩变形的减量为 f_{PA}。其对应的螺栓及被夹紧件的受力 – 变形关系线图如图 2-4 所示。

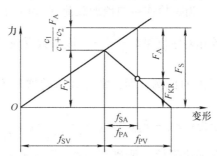

图 2-4　工作状态下螺栓及被夹紧件的受力 – 变形关系线图

根据螺栓的静力平衡条件，有

$$F_S = F_{KR} + F_A \tag{2-9}$$

即螺栓的总拉力 F_S 为工作载荷 F_A 与被夹紧件（通过螺栓头、螺母）给予螺栓的残余夹紧载荷 F_{KR} 之和。显然，此时被夹紧件之间的残余夹紧载荷也为 F_{KR}。

根据螺栓与被夹紧件的变形协调条件，有 $f_{SA} = f_{PA}$，以 $f_{SA} = \dfrac{F_S - F_V}{c_1} = \dfrac{F_{KR} + F_A - F_V}{c_1}$ 和 $f_{PA} = \dfrac{F_V - F_{KR}}{c_2}$ 代入，可得相关计算公式如下[1]：

被夹紧件间的残余夹紧载荷

$$F_{KR} = F_V - \frac{c_2}{c_1 + c_2} F_A = F_S - F_A \tag{2-10}$$

螺栓连接的预加载荷

$$F_V = F_{KR} + \frac{c_2}{c_1 + c_2} F_A = F_{KR} + \left(1 - \frac{c_1}{c_1 + c_2}\right) F_A = F_S - \frac{c_1}{c_1 + c_2} F_A \tag{2-11}$$

因此，由式（2-9）表示的螺栓的总拉力还可表示为

$$F_S = F_V + \frac{c_1}{c_1 + c_2} F_A \tag{2-12}$$

即螺栓的总拉力 F_S 为预加载荷 F_V 与部分工作载荷之和。

特别强调：此处所述的"部分工作载荷"，在机械设计算法中称为"受拉伸工作载荷后，螺栓载荷的增量"，由式（2-13）表示

$$F_{SA} = \frac{c_1}{c_1 + c_2} F_A \qquad (2-13)$$

在 VDI 算法中，与之相对应的参量称为附加螺栓载荷，在整个单螺栓连接的设计计算过程中起着非常重要的作用，详见以下相关章节。

由式（2-12）可知，当螺栓连接的预加载荷 F_V 和工作载荷 F_A 一定时，螺栓总拉力 F_S 值取决于螺栓相对刚度系数 $\frac{c_1}{c_1 + c_2}$，该系数反映了连接所受到的工作载荷 F_A 分配至螺栓部分所占的比例，即：螺栓载荷的增量 $F_{SA} = \frac{c_1}{c_1 + c_2} F_A$；而 F_A 分配至被夹紧件的部分为：$F_A - F_{SA} = F_A - \frac{c_1}{c_1 + c_2} F_A = \frac{c_2}{c_1 + c_2} F_A$，参见图 2-4。当 $c_2 \gg c_1$（即被夹紧件远比螺栓"刚硬"）时，$F_S \approx F_V$；当 $c_2 \ll c_1$（即被夹紧件远比螺栓"柔软"）时，$F_S \approx F_V + F_A$。

螺栓相对刚度系数的大小与螺栓和被夹紧件的材料、结构、尺寸，以及工作载荷作用位置、垫片等因素有关，可通过计算或试验求出。被夹紧件为钢铁零件时，一般可根据垫片材料不同采用下列数据[1]：金属（包括不用垫片）0.2 ~ 0.3；皮革 0.7；铜皮石棉 0.8；橡胶 0.9。

图 2-2d 所示为螺栓工作载荷过大时，连接出现不能容许的离缝情况。故 F_{KR} 应大于零，以保证连接的刚性和/或紧密性。F_{KR} 参考取值[1]：F_A 无变化时，$F_{KR} = (0.2 \sim 0.6) F_A$；$F_A$ 有变化时，$F_{KR} = (0.6 \sim 1.0) F_A$；压力容器的紧密连接，$F_{KR} = (1.5 \sim 1.8) F_A$，且应保证密封面的残余预紧压力大于压力容器的工作压力。

如前所述，施加 F_A 后，工作状态下螺栓所受的拉力由原 F_V 上升至总拉力 F_S，故采用与推导式（2-8）相同的原理，以 F_S 代替式（2-8）中的 F_V，即可得到同时受预加载荷和工作载荷的螺栓螺纹部分的强度条件[1,7]

$$\sigma_{red} = \frac{4 \times 1.3 F_S}{\pi d_c^2} \leq \sigma_{zul} \qquad (2-14)$$

3. 单螺栓连接的设计计算

单螺栓的工作拉力 F_A 由 1.1 节表 1-1 中螺栓组的轴向载荷 F_Σ 和翻转力矩 M 求得；横向载荷 F_{hc} 由螺栓组横向载荷 F_R 和扭转力矩 M_Y 求得。注意：此 F_{hc} 由 F_R 和 M_Y 对该单螺栓所产生的合成载荷而构成，即图 1-1 所示的水平面 XOZ 上的 F_X 与 F_Z 的矢量和，其值为 $F_{hc} = \sqrt{F_X^2 + F_Z^2}$。

可参考以下步骤进行单螺栓连接的设计：

1）根据螺栓连接的载荷及工作要求等确定螺栓的残余夹紧载荷 F_{KR}（参见

本节 "F_{KR} 参考取值" 及 6.1 节）；并根据式（2-11） $F_V = F_{KR} + \dfrac{c_2}{c_1 + c_2} F_A$ 求得
预加载荷 F_V。

2）根据式（2-9） $F_S = F_{KR} + F_A$ 求得螺栓所需承受的总拉力 F_S。

3）根据式（2-14）求得螺栓设计公式

$$d_c \geqslant \sqrt{\frac{4 \times 1.3 F_S}{\pi \sigma_{zul}}} \qquad\qquad (2-15)$$

由此确定螺栓危险截面的直径 d_c 和相应的公称直径 d，完成初步设计。

4）根据需要，校核螺栓结合面的工作能力：被夹紧件之间不发生离缝、压溃等的条件（可参考 1.1 节表 1-1 中示例）。

5）对于受交变载荷的螺栓连接，校核其疲劳强度，详见 7.1 节；

6）根据螺栓材料/性能等级，分别用 7.1 节式（7-2）~ 式（7-4）校核在第 1 步计算的螺栓预加载荷是否合适。

若螺栓连接另有其他要求，则可根据具体情况进行相应的设计计算。

采用相同的原理及计算方法，可对已有的单螺栓连接进行强度校核，此处不再赘述。

2.2　VDI 算法中单螺栓受力与变形分析及设计计算原则

在应用 VDI 2230 – 1 标准进行螺栓连接件分析计算时，须注意其适用范围，偏离了该范围将不再适用或误差过大。具体要求详见各相关章节及参考文献［5］第 1 章。

2.2.1　单螺栓连接受力与变形

在 VDI 算法中，单螺栓连接的受力和轴向变形是通过简化的机械弹簧模型来描述的[5]。同心夹紧螺栓连接模型中，螺栓和被夹紧件被认为是分别具有轴向柔度 δ_S 和 δ_P 的拉伸和压缩弹簧，螺栓连接承受轴向工作载荷 F_A 时的情况如图 2-5 所示。

对于受装配预加载荷和轴向工作载荷作用的紧螺栓连接，在同心夹紧、同心加载的情况下，其螺栓连接的弹簧模型及各种状态下载荷与变形的关系如图 2-6 所示[5]。为了使图 2-6 更加清晰地突出重点，未考虑装配预加载荷的变化。

1）图 2-6a 所示为螺母未拧紧时的初始状态：代表螺栓的拉伸弹簧及代表板（被夹紧件）的压缩弹簧均未受载，不发生变形。

2）图 2-6b 所示为拧紧螺母后的装配状态：在装配预加载荷 F_M 的作用下，螺栓受拉产生拉伸变形，其伸长量为 f_{SM}；在被夹紧件结合面上产生夹紧载荷 F_K，

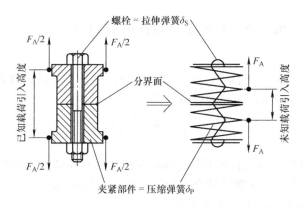

图 2-5　同心夹紧螺栓连接至弹簧模型的转换[5]

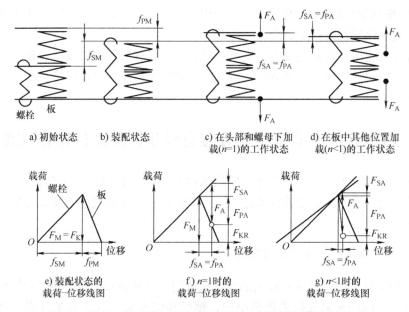

a) 初始状态　　b) 装配状态　　c) 在头部和螺母下加　　d) 在板中其他位置加
　　　　　　　　　　　　　　　载(n=1)的工作状态　　载(n<1)的工作状态

e) 装配状态的　　　　f) n=1时的　　　　g) n<1时的
　载荷-位移线图　　　载荷-位移线图　　　载荷-位移线图

图 2-6　同心夹紧、同心加载情况下螺栓连接的弹簧模型及各种
状态下载荷与变形的关系（未考虑预加载荷的变化）[5]

故而板受压产生压缩变形，其缩短量为 f_{PM}。根据静力平衡条件，有：$F_M = F_K$。

3）图 2-6c 所示为通过被夹紧件引入轴向工作载荷 F_A 后的工作状态。

先分析图 2-6c 中在螺栓头部和螺母下加载（载荷引入系数 $n=1$）的情况：螺栓继续被拉伸，所受的拉力在原 F_M 的基础上再上升附加螺栓载荷 F_{SA}，使得螺栓的拉伸变形由原装配状态下的 f_{SM} 增加至（$f_{SM} + f_{SA}$）；被夹紧件随之被放松，所承受的压力由原 F_K 下降了附加被夹紧件载荷 F_{PA}，此时结合面之间的夹紧载荷为残余夹紧载荷（残余预加载荷）：$F_{KR} = F_K - F_{PA} = F_M - F_{PA}$，被夹紧件的压缩变形由原$f_{PM}$下降至$(f_{PM}-f_{PA})$。根据螺栓与被夹紧件变形协调条件可知，由$F_{SA}$导致的螺栓变形量与由$F_{PA}$导致的被夹紧件的变形量相等，即：$f_{SA}=f_{PA}$。

分析图 2-6f 中载荷 – 位移线图可知，连接所受的工作载荷F_A，按一定的比例分配为附加螺栓载荷F_{SA}和附加被夹紧件载荷F_{PA}，其分配比例取决于连接中相关元件的弹性特性和载荷的作用位置（定量分析详见第 5 章），并由此在很大程度上决定了螺栓连接的承载能力。

再分析图 2-6d——于被夹紧件内加载（$n<1$）的情况：施加工作载荷之前的载荷 – 位移线图为图 2-6e；施加工作载荷F_A之后的载荷 – 位移线图为图 2-6g，与$n=1$的情况相比，由于n的改变，螺栓和被夹紧件的载荷 – 位移关系线的斜率分别发生了改变，导致了附加螺栓载荷F_{SA}和附加被夹紧件载荷F_{PA}的分配比例关系发生了改变，其定量分析详见第 4 章。其对疲劳强度的影响，参见第 10 章问题 13。

在 VDI 算法[5]中，还考虑了螺栓和被夹紧件的弯曲柔度β_S和β_P对附加螺栓载荷F_{SA}产生的影响，式（2-16）表达了连接受轴向工作载荷F_A和工作力矩M_B时，各因素对F_{SA}的影响

$$F_{SA}=\frac{n\delta_P(\beta_P+\beta_S)-m_M\beta_P\gamma_P}{(\delta_P+\delta_S)(\beta_P+\beta_S)-\gamma_P^2}F_A+\frac{n_M\delta_P(\beta_P+\beta_S)-m\beta_P\gamma_P}{(\delta_P+\delta_S)(\beta_P+\beta_S)-\gamma_P^2}M_B$$

$$(2\text{-}16)$$

式中　M_B——作用于螺栓连接点的工作力矩（弯矩）；

γ_P——单位附加螺栓载荷（$F_{SA}=1N$）导致的螺栓头部相对于螺栓轴线的偏斜度；

n——载荷引入系数，描述F_A引入点对螺栓头部位移的影响，$n=\delta_{VA}/\delta_P$；

m——力矩引入系数，描述M_B对螺栓头部偏斜度的影响，$m=\beta_{VA}/\beta_P$；

n_M——描述M_B对螺栓头部位移影响的力矩引入系数，$n_M=\gamma_{VA}/\delta_P$；

m_M——描述F_A对螺栓头部偏斜度影响的载荷引入系数，$m_M=\alpha_{VA}/\beta_P$；

δ_{VA}——单位工作载荷（$F_A=1N$）导致的螺栓头部的轴向位移；

β_{VA}——单位工作力矩（$M_B=1Nm$）导致的螺栓头部相对于螺栓轴线的偏斜度；

γ_{VA}——单位工作力矩（$M_B=1Nm$）导致的螺栓头部的轴向位移；

α_{VA}——单位工作载荷（$F_A=1N$）导致的螺栓头部相对于螺栓轴线的偏斜度。

当引入载荷系数Φ后，式（2-16）可表述为式（2-17），详见第 5 章。

$$F_{SA}=\Phi_{en}^*F_A+\Phi_m^*\frac{M_B}{s_{sym}}$$

$$(2\text{-}17)$$

式中 Φ_{en}^{*}——载荷引入点位于被夹紧件内时，偏心夹紧、偏心加载情况下的载荷系数；

Φ_{m}^{*}——纯力矩负载（M_{B}）、偏心夹紧情况下的载荷系数；

s_{sym}——螺栓轴线与虚拟横向对称变形体轴线之间的距离，s_{sym} 的符号见 5.4 节表 5-4。

工作载荷 F_{A} 指离结合面为正，M_{B} 逆时针旋转为正。

若螺栓连接受同心工作载荷 F_{A}，当 $F_{A} > 0$（拉力负载）时，被夹紧件之间的残余夹紧载荷由式（2-18）给出，参见图 2-7a[5]。

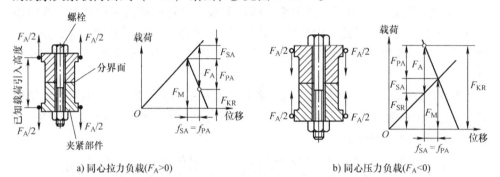

a) 同心拉力负载($F_{A}>0$)   b) 同心压力负载($F_{A}<0$)

图 2-7 在螺栓头和螺母下直接引入同心负载的螺栓连接力与变形关系
（未考虑预加载荷的变化）[5]

$$F_{KR} = F_{M} - F_{PA} = F_{M} - (F_{A} - F_{SA}) \qquad (2-18)$$

当 $F_{A} < 0$（压力负载）时，螺栓头下的剩余预加载荷由式（2-19）给出，参见图 2-7b[5]。

$$F_{SR} = F_{M} + F_{SA} \quad 其中 \ F_{SA} < 0 \qquad (2-19)$$

计算附加螺栓载荷 F_{SA} 的式（2-16）用于同心和偏心夹紧中，而"纯"工作力矩（不受力）载荷的情况不在考虑的范围之内。仅在有关螺栓连接离缝（指由于残余夹紧载荷 F_{KR} 过小而导致被夹紧件之间产生间隙，也称"分离""开缝"，有的 VDI 2230 –1 中文版译为"松开""开口"等）和确定交变弯曲应力的特殊例子时，才会考虑 $M_{B}^{[5]}$。

2.2.2 同心夹紧单螺栓连接

当等效变形锥（详见 3.2 节）从螺栓头部开始，在所有侧面均可以完全形成时，或者当其形成以横向对称的方式被限制在螺栓轴线/工作载荷作用线的平面上时，BJ 被认为是同心夹紧[5]，如图 2-8 所示。在此情况下，螺栓不会在预加载的过程中产生弯曲，因而螺栓头部相对于螺栓轴线的偏斜度 $\gamma_{P} = 0$。在同心夹紧的情况下，由式（2-16）可得到式（2-20）[5]（工作力矩 $M_{B} = 0$）：

$$F_{SA} = n\frac{\delta_P}{\delta_P + \delta_S}F_A \tag{2-20}$$

2.2.3　偏心夹紧单螺栓连接

偏心夹紧的单螺栓连接[5]，由于螺栓轴线不与横向对称夹紧体的轴线重合，因此在预加载过程中螺栓弯曲，如图 2-9 所示。

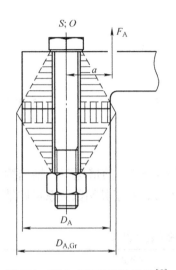

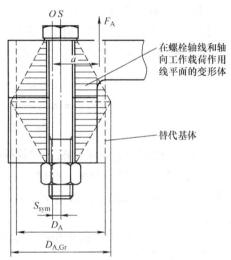

图 2-8　同心夹紧单螺栓连接[5]
注：图中各符号及含义见附录。

图 2-9　偏心夹紧单螺栓连接[5]

在一定假设条件下，纯加力（工作力矩 $M_B = 0$）的情况下，由式（2-16）可推导出附加螺栓载荷计算公式

$$F_{SA} = n\frac{\delta_P^Z\left\{1 + s_{sym}a\dfrac{(\beta_P^Z/\delta_P^Z)}{[1 + (\beta_P^Z/\beta_S)]}\right\}}{\delta_S + \delta_P^Z\left\{1 + s_{sym}^2\dfrac{(\beta_P^Z/\delta_P^Z)}{[1 + (\beta_P^Z/\beta_S)]}\right\}}F_A \tag{2-21}$$

式中　δ_P^Z——同心夹紧时，被夹紧件的轴向柔度；

$\quad\quad\beta_P^Z$——同心夹紧时，被夹紧件的弯曲柔度；

$\quad\quad a$——轴向工作载荷 F_A 的等效作用线与虚拟横向对称变形体轴线之间的距离（详见 4.1 节），且总以正号引入。

若力 F_A 的作用线和螺栓轴 S 相对于轴 O 位于同一侧，则距离 s_{sym} 以正号引入；否则以负号引入。

式（2-21）考虑了螺栓的弯曲影响。通常，由于螺栓的弯曲柔度高而被夹紧件的弯曲柔度相对低，即螺栓较"柔软"而被夹紧件较"刚硬"，可忽略该影响，视 $(\beta_P^Z/\beta_S) \approx 0$。

基于上述假设，有

$$\beta_P^Z \approx \frac{l_K}{E_P I_{Bers}} \tag{2-22}$$

式中 l_K——夹紧长度；

E_P——被夹紧件杨氏模量；

I_{Bers}——被夹紧件变形体的等效惯性矩。

将 $(\beta_P^Z/\beta_S) \approx 0$ 及式（2-22）代入式（2-21），有[5]

$$F_{SA} = n\frac{\delta_P^Z + s_{sym}a\dfrac{l_K}{E_P I_{Bers}}}{\delta_S + \delta_P^Z + s_{sym}^2\dfrac{l_K}{E_P I_{Bers}}}F_A \tag{2-23}$$

式中 n——虚拟同心夹紧情况下的载荷引入系数。

对式（2-23）进行分析，在纯加力（工作力矩 $M_B = 0$）的情况下，轴向附加螺栓载荷 F_{SA} 为轴向工作载荷 F_A 的函数 $F_{SA} = f(F_A)$，对于其函数关系可归纳为表 2-1。

表 2-1   纯加力情况下轴向附加螺栓载荷 F_{SA} 计算式

夹紧方式	加载方式	条件或说明	计算公式
同心	同心	$s_{sym} = 0$，$a = 0$	$F_{SA} = n\dfrac{\delta_P^Z}{\delta_S + \delta_P^Z}F_A$
	偏心	$s_{sym} = 0$，$a > 0$	
偏心	同心	$s_{sym} \neq 0$，$a = 0$	$F_{SA} = n\dfrac{\delta_P^Z}{\delta_S + \delta_P^Z + s_{sym}^2\dfrac{l_K}{E_P I_{Bers}}}F_A$
	偏心	$s_{sym} \neq 0$，$a > 0$	$F_{SA} = n\dfrac{\delta_P^Z + s_{sym}a\dfrac{l_K}{E_P I_{Bers}}}{\delta_S + \delta_P^Z + s_{sym}^2\dfrac{l_K}{E_P I_{Bers}}}F_A$

由此可知，同心夹紧情况下的式（2-20）为式（2-23）在 $s_{sym} = 0$ 时的特例。

VDI 2230 –1[5] 在 3.2 节介绍公式（8）、公式（13）和公式（15）时，没有考虑该标准 5.3 节新增的"螺钉连接被夹紧件的补充柔度 δ_{PZu}"（2003 版中未见涉及）。为方便读者学习，式（2-20）、式（2-21）和式（2-23）也照此处理。同样，本书（详见 5.2 节）在介绍载荷系数时与参考文献［5］一致，加入了有关 δ_{PZu} 的内容。

另外需要注意的是，在偏心夹紧和偏心加载的情况下，螺栓轴线 – 轴向工作载荷作用线平面中的结合面区域尺寸 c_T 不得超过式（2-24）和式（2-25）中的限制尺寸 G 和 G'，否则，相关计算关系式将不再适用或导致较大的计算错误[5]。

$$TBJ: G = h_{min} + d_W \qquad (2\text{-}24)$$

$$TTJ: G' \approx (1.5 \sim 2) d_W \qquad (2\text{-}25)$$

式中　h_{min}——两件被夹紧件中较薄零件的厚度；

　　　d_W——螺栓头部支承平面外径。

2.2.4　单螺栓连接设计计算原则

如前所述，螺栓连接的分析计算基于该连接所需承受的外部工作载荷 F_B。该工作载荷和由此引起的零部件的弹性变形，对单螺栓连接产生轴向工作载荷 F_A、横向载荷 F_Q、弯矩 M_b 和某些情况下在个别螺栓连接点的扭矩 M_T。在特殊情况下，没有力的"纯"工作力矩 M_B 作用于螺栓连接点。

在 VDI 算法中，一般设初始量 F_A、F_Q、M_T 以及某些特殊情况下的 M_B 为已知参数。

螺栓连接的主要尺寸由式（2-26）决定，该式为螺栓设计计算的依据和基础[5]。

$$F_{M\,max} = \alpha_A F_{M\,min} = \alpha_A \big[F_{Kerf} + (1 - \Phi) F_A + F_Z + \Delta F_{Vth} \big] \qquad (2\text{-}26)$$

式中　α_A——拧紧系数；

　　　F_{Kerf}——用于保证密封功能、摩擦夹紧和防止结合面单侧离缝所需的夹紧载荷；

　　　F_Z——嵌入导致的预加载荷损失；

　ΔF_{Vth}——温度变化导致的预加载荷变化，附加热载荷。

分析式（2-26）可知，在设计确定螺栓尺寸的过程中，必须考虑以下因素：

1）由于嵌入作用和温度变化可能发生的预加载荷损失（$F_Z + \Delta F_{Vth}$）。

2）工作状态下，作用于被夹紧件结合面的夹紧载荷将减小（当 $F_A > 0$ 时），其减少量为附加被夹紧件载荷：$F_{PA} = (1 - \Phi) F_A$。

3）所需的最小夹紧力 F_{Kerf} 须满足密封功能、防止结合面的单边离缝或自松动等要求。

4）选择不同的装配方法和摩擦条件，将使装配预加载荷 F_M 具有一定程度的数值离散，具体体现于拧紧系数 α_A。

图 2-10 所示为螺栓连接主要参数及其相互关系（不含 ΔF_{Vth}），解释了式（2-26）的含义。

螺栓的装配预加载荷 F_M 是确定螺栓公称直径 d 的计算依据，其重要性将在后续相关章节中得到体现。

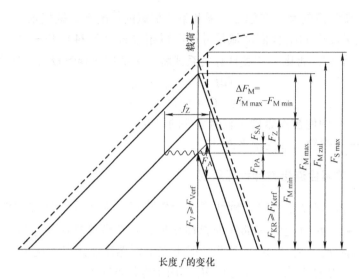

图 2-10 螺栓连接主要参数及其相互关系（不含 ΔF_{Vth}）[5]

注：下角 erf 表示所需的预加载荷。

若根据工作要求设计螺栓连接，则查参考文献［5］的表 A7，按以下步骤初步估计螺栓的公称直径：首先，根据螺栓连接所需承受的载荷大小及类型，获得所需的最小预加载荷 $F_{M\,min}$；其次，根据拧紧方式增加载荷 $F_{M\,min}$ 获得所需的最大预加载荷 $F_{M\,max}$；最后，根据 $F_{M\,max}$ 可查得各强度等级下对应的螺栓公称直径。初定 d 后，即可按 R0～R13 的步骤进行计算（详见第 9 章）。

若对已有的螺栓连接进行校核，直接按 R0～R13 的步骤进行即可。

几点说明：

1）与螺栓的装配预加载荷 F_M 相关的超屈服强度拧紧内容，可参看 7.2.2 节的"3. 在装配期间和使用中超过屈服强度"。

2）考虑到材料的相关强度和摩擦条件，所采用的螺栓必须具有的实际装配预加载荷 $F_{M\,sj}$ 应至少与式（2-26）计算所得的最大装配预加载荷相等，即 $F_{M\,sj} \geqslant F_{M\,max}$，详细的分析解释见 7.2.1 节。

3）90% 的最小屈服强度通常作为最常用的紧固技术——扭矩控制拧紧的依据。$F_{M\,Tab}$ 和用于装配的相应拧紧力矩 M_A 由参考文献［5］的表 A1～表 A4 查得。符号 $F_{M\,Tab}$ 为当拧紧时屈服强度应力利用系数 $\nu = 0.9$ 时的装配预加载荷表列值。参见 6.2.3 节及 7.2.1 节。

4）疲劳工况下，交变应力幅不得超过螺栓的疲劳极限。

5）为避免由于蠕变（随时间变化的塑性变形）而导致的预加载荷损失，螺栓或螺母下面的表面压力不得超过材料的许用表面压力（注：工程上常将单位面积上的压力——压强也称为压力，本书也照此处理）。

6）选取不同的设计参数、装配条件等，将对嵌入量 f_Z 和装配预加载荷 F_M 的数值离散产生相应的影响，参见表 6-3 和参考文献［5］的表 A8。

2.3　两种算法的比较及讨论

尽管机械设计算法及 VDI 算法均基于螺栓及被夹紧件的弹性特征，然而两者的螺栓设计计算公式却差别明显。下面从几个方面进行探讨。

1. 表达螺栓连接件的轴向弹性特征的方法不同

以螺栓为例，机械设计算法中采用螺栓的轴向刚度 c_1，即产生单位变形所需的轴向力；而 VDI 算法中采用螺栓的轴向柔度 δ_S，即单位轴向力产生的变形。两者之间的关系互为倒数，即 $\delta_S = 1/c_1$。同理，对于被夹紧件，也有 $\delta_P = 1/c_2$。

2. VDI 算法中涉及 F_V、F_M 和 F_K，而机械设计算法中仅有 F_V

F_V 表示的是螺栓连接的预加载荷，在机械设计算法中，与之相匹配的为"预紧力"，参见图 2-1 ~ 图 2-4。而 F_M 表示的是装配预加载荷，包含由嵌入作用和温度变化导致的预加载荷变化（$F_Z + \Delta F_{Vth}$），当忽略预加载荷的变化部分时，$F_M = F_V$，参见图 2-10。另外，图 2-6、图 2-7 也展示了同心夹紧、同心加载下未考虑预加载荷变化时的 F_M 与其他参数之间的关系。F_K 表示的是被夹紧件结合面之间的夹紧载荷，在装配状态下，$F_K = F_M$，参见图 2-6。

由于机械设计算法中对单个螺栓的设计计算未考虑预加载荷的变化（也未考虑偏心夹紧和/或偏心加载），故在此可视为预加载荷 F_V 等同于忽略了预加载荷变化的装配预加载荷 F_M，即 $F_V = F_M$。同理，由 F_V 引起的相应变形 f_{SV}、f_{PV}，在此等同于由忽略了预加载荷变化的装配预加载荷 F_M 引起的相应变形 f_{SM}、f_{PM}。下一条的比较及讨论中，正是基于此原理。

还需注意：在机械设计算法中，由于忽略了预加载荷的变化，所指的"预紧力"既为 VDI 算法中的"预加载荷 F_V"，又为 VDI 算法中的"装配预加载荷 F_M"，在本书中均以"预加载荷 F_V"表达（同理，与之相关联的：机械设计算法中的"残余预紧力"以"残余夹紧载荷 F_{KR}"表达）。

3. 受力 - 变形关系及其线图对比

对比两种算法中，表达螺栓和被夹紧件的受力与变形及其相互关系的机械设计算法（图 2-2 ~ 图 2-4）与 VDI 算法（图 2-6），除了上述两条外，还应注意：

1）图 2-2a、b、c 是各状态下螺栓和被夹紧件受力与变形图，与图 2-6 表示同心夹紧、同心加载螺栓连接转换的弹簧模型图 a、b、c 含义相对应。

2）图 2-3c、图 2-4 中的力 - 变形线图分别与图 2-6e 和 f 中的载荷 - 位移线图相对应。

3）在 VDI 算法中，图 2-6d、g 所表达的 $n<1$ 的情况，是机械设计算法中没有考虑的，将在第 4 章详细讨论。

4）图 2-2d 为连接离缝的情况，此时紧螺栓连接已失效。详细的讨论见第 5 章。

4. 附加螺栓载荷计算公式的关联及差别（$F_A>0$）

两种算法中，工作状态下，当 $F_A>0$ 时，附加螺栓载荷（螺栓载荷的增量）计算公式的关联及差别：

（1）所考虑的影响因素　在由式（2-13）表达的机械设计算法中，螺栓载荷的增量与轴向工作载荷 F_A 成正比，$F_{SA}=f(F_A)=\dfrac{c_1}{c_1+c_2}F_A$，其比例系数为螺栓相对刚度系数 $\dfrac{c_1}{c_1+c_2}$，即 F_{SA} 与螺栓和被夹紧件的刚度有关系。

在由式（2-16）表达的 VDI 算法中，附加螺栓载荷 F_{AS} 是轴向工作载荷 F_A 和工作力矩 M_B 的函数，且不仅考虑了轴向变形，还考虑了弯曲变形：即不仅与螺栓和被夹紧件的轴向柔度 δ_S、δ_P 有关系，还与螺栓和被夹紧件的弯曲柔度 β_S、β_P，螺栓头部相对于螺栓轴线的偏斜度 γ_P 有关系；另外，还考虑了体现载荷引入点影响的系数 n、m、m_M 和 n_M。

（2）在某些特定的条件下两种算法的相通之处　分析式（2-16），在纯加力的情况下，将工作力矩 $M_B=0$ 代入式（2-16）得

$$F_{SA}=\frac{n\,\delta_P(\beta_P+\beta_S)-m_M\beta_P\,\gamma_P}{(\delta_P+\delta_S)(\beta_P+\beta_S)-\gamma_P^2}F_A \tag{2-27}$$

$M_B=0$，且在同心夹紧的情况下，螺栓在预加载过程中不会产生弯曲，螺栓头部相对于螺栓轴线不会产生偏斜，将 $\gamma_P=0$ 代入式（2-27）得

$$F_{SA}=\frac{n\,\delta_P(\beta_P+\beta_S)}{(\delta_P+\delta_S)(\beta_P+\beta_S)}F_A=n\frac{\delta_P}{\delta_P+\delta_S}F_A \tag{2-28}$$

$M_B=0$、$\gamma_P=0$，且当轴向工作载荷 F_A 作用在螺栓头部和螺母下时，将 $n=1$ 代入式（2-28），得

$$F_{SA}=n\frac{\delta_P}{\delta_P+\delta_S}F_A=1\times\frac{\delta_P}{\delta_P+\delta_S}F_A=\frac{\delta_P}{\delta_P+\delta_S}F_A \tag{2-29}$$

故：当 $M_B=0$、$\gamma_P=0$、$n=1$ 时，根据刚度与柔度的关系，由式（2-29）得到具有与式（2-13）相同的形式

$$F_{SA}=\frac{\delta_P}{\delta_P+\delta_S}F_A\Longrightarrow\frac{\frac{1}{c_2}}{\frac{1}{c_2}+\frac{1}{c_1}}F_A=\frac{c_1}{c_1+c_2}F_A=F_{SA}$$

（3）当忽略某些因素的影响时两种算法的相通之处　由上述第（2）条受到

启发，换个角度思考，即使连接不能同时满足 $M_B = 0$、$\gamma_P = 0$、$n = 1$，当忽略某些因素的影响（如：s_{sym} 较小时，视为同心夹紧，$\gamma_P = 0$；无工作力矩，$M_B = 0$；轴向工作载荷 F_A 作用在螺栓头部和螺母下，则 $n = 1$ 等）时，则可得到与机械设计算法中式（2-13）相当的 VDI 算法的计算式，即式（2-29）。

（4）轴向刚度（或柔度）的计算方法不同　尽管 VDI 算法的公式在特定条件下（或忽略某些因素的影响后），可以得到与机械设计算法形式相同的公式，然而，就其公式中所含的参数，VDI 算法中柔度 δ_S、δ_P 的求法[5] 远比机械设计算法中刚度 c_1、c_2 的求法[1-4] 要复杂得多，考虑的因素更多、更加细致，详见第 3 章。

上述讨论进一步证实：两种算法均基于螺栓及被夹紧件的弹性特征，而 VDI 算法考虑因素全面，算法完善。

5. $F_A < 0$ 或 $M_B \neq 0$ 时的情况

VDI 算法中还分别讨论了通过压力加载，即 $F_A < 0$ 时，螺栓头部下面支承区域的残余夹紧载荷 F_{SR} 的计算；"纯"工作力矩载荷，即 $F_A = 0$ 而 $M_B \neq 0$ 时的附加螺栓载荷 F_{SA} 的计算。这在机械设计算法中没有涉及。

6. 有关装配预加载荷的计算

对比机械设计算法中的式（2-11）与 VDI 算法中的式（2-26），以及相关的图 2-4 与图 2-10，可总结出两者的异同点。

1）两者均考虑的因素有：前者常称为"残余预加载荷"与后者常称为"残余夹紧载荷"的 F_{KR}（$F_{KR} \geqslant F_{Kerf}$）；同为"附加被夹紧件载荷"，前者用 $\left(1 - \dfrac{c_1}{c_1 + c_2}\right)F_A$ 表示，后者用 $(1 - \Phi)F_A$ 表示。值得注意的是：两者的 F_{KR}、前者的 $\dfrac{c_1}{c_1 + c_2}$ 与后者的 Φ 所涉及的相关参数及计算方法差别很大，详见后续章节。

2）前者没有考虑拧紧力的数值离散、嵌入和温度对夹紧载荷的影响。

另外，在 VDI 2230 – 1 的"3.2 单螺栓连接计算原则；力与变形分析"中，还专门阐述了结合面单侧离缝和横向载荷的影响[5]。由于螺栓连接结合面离缝和因过载而导致螺栓承受横向剪切，一般不属于紧螺栓连接的正常工作状态，用户的设计计算要求多为避免此类情况发生的，故本章未加讨论。详情参见 5.4 节和 7.2.6 节。

本章小结

本章从螺栓连接的弹簧模型入手，在简要介绍机械设计算法相关内容的基础上，探索讨论了 VDI 算法中单螺栓连接力与变形分析及其设计计算原则，并分析对比了两种算法的关联及差异。

第3章 连接的柔度

如第 2 章所述,机械设计算法及 VDI 算法均基于螺栓及被夹紧件的弹性特征,而零部件的柔度是体现其弹性特征的重要参数。在机械设计算法中,仅对不同垫片材料(包括不用垫片)给出了螺栓相对刚度系数 $\dfrac{c_1}{c_1 + c_2}$ 的取值,参见 2.1 节,本章不再讨论。而在 VDI 算法中,则分别对螺栓和被夹紧件的柔度进行了详尽的分析和讨论,将经验值理论化,以科学计算求得 δ_S 及 δ_P。

3.1 螺栓的柔度

VDI 算法中,螺栓的柔度考虑了对其变形有影响的多方面因素,不仅考虑了夹紧长度范围内的弹性变形,还考虑了在此范围以外发生的任何弹性变形。另外,分别考虑了轴向柔度和弯曲柔度。

3.1.1 螺栓的轴向柔度

由材料力学可知,在金属材料的线弹性范围内,力与变形的关系符合胡克定律——应力与应变成正比[9],参见式(3-1)。

$$E = \frac{\sigma}{\varepsilon} = \frac{F/A}{f/l} = \frac{Fl}{Af} \tag{3-1}$$

式中　E——材料的杨氏模量;

　　　σ——正应力;

　　　F——轴向拉力;

　　　A——受拉构件横截面面积;

　　　ε——线应变;

　　　f——由于力 F 作用而产生的弹性线性变形量;

　　　l——受拉构件长度。

由式(3-1)可得,受拉构件的轴向弹性变形量为

$$f = \frac{lF}{EA} \tag{3-2}$$

考虑到螺栓由一系列长度为 l_i、横截面积为 A_i 的圆柱体代替的多个部分组成(见图 3-1),并以 E_i 表示螺栓的第 i 部分材料的杨氏模量,则该部分在轴向载荷

F 作用下的弹性线性变形量 f_i 为

$$f_i = \frac{l_i F}{E_i A_i} \tag{3-3}$$

故该圆柱体单个部分的轴向柔度 δ_i 为

$$\delta_i = \frac{f_i}{F} = \frac{l_i}{E_i A_i} \tag{3-4}$$

如前述，螺栓类似于拉伸弹簧，而整个螺栓可视为由各圆柱体部分首尾相接组成，即多个拉伸弹簧（部分）串联而成。故其整体的柔度等于各组成部分柔度之和。即：螺栓的总柔度 δ_S 由夹紧长度内的各单个圆柱体部分的柔度 δ_i、δ_{Gew} 和夹紧长度以外的变形区域中各部分的柔度 δ_{SK}、δ_{GM} 之和来确定[5]（参见图 3-1）：

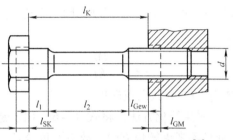

图 3-1　计算螺栓柔度的变形区域[5]
注：图中各符号含义见附录。

$$\delta_S = \delta_{SK} + \delta_1 + \delta_2 + \cdots + \delta_{Gew} + \delta_{GM} \tag{3-5}$$

式中各符号的含义及计算公式见表 3-1。

表 3-1　螺栓各部分的柔度计算

含义			符号	计算公式	
夹紧长度 l_K 内	无螺纹螺杆第 i 部分的柔度		δ_i	$\delta_i = \dfrac{l_i}{E_S A_i}$	
	负载未旋合螺纹部分的柔度		δ_{Gew}	$\delta_{Gew} = \dfrac{l_{Gew}}{E_M A_{d_3}}$	$A_{d_3} = \dfrac{\pi d_3^2}{4}$
夹紧长度外，仍有弹性变形发生的部分	螺栓头部的柔度		δ_{SK}	$\delta_{SK} = \dfrac{l_{SK}}{E_M A_N}$	六角头螺栓：$l_{SK} = 0.5d$；（螺栓孔径 d_h 为中间值时）内六角头螺栓：$l_{SK} = 0.4d$ $A_N = \dfrac{\pi d^2}{4}$
	旋合螺纹部分的柔度 $\delta_{GM} = \delta_G + \delta_M$	螺栓旋合螺纹部分小径的柔度	δ_G	$\delta_G = \dfrac{l_G}{E_S A_{d_3}}$	$l_G = 0.5d$ $A_{d_3} = \dfrac{\pi d_3^2}{4}$
		螺母或螺钉连接被夹紧件的内螺纹区域旋合螺纹部分的柔度	δ_M	$\delta_M = \dfrac{l_M}{E_M A_N}$	TBJ：$l_M = 0.4d$，$E_M = E_S$ TTJ：$l_M = 0.33d$，$E_M = E_{BI}$ $A_N = \dfrac{\pi d^2}{4}$

注：l_{Gew}、l_{SK}、l_G、l_M 分别为与螺栓 δ_{Gew}、δ_{SK}、δ_G、δ_M 相对应的各部分长度（参见图 3-1）；A_N 为螺栓螺纹公称横截面积；E_S、E_M、E_{BI} 分别为螺栓、螺母、带内螺纹元件的杨氏模量。

3.1.2 螺栓的弯曲柔度

当螺栓连接受弯矩作用时，为了计算由弯曲载荷引起的附加应力，需要用到螺栓的弯曲柔度β_S，可以采用与分析螺栓轴向柔度δ_S相类似的方法进行分析。

由材料力学可知，图 3-2 所示长度为 l 的悬臂梁受弯矩 M 后发生弯曲变形，简化后其端截面 B 处的转角γ_B为[9]

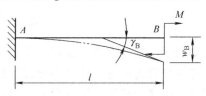

图 3-2　悬臂梁受弯矩 M 后发生的弯曲变形[9]

$$\gamma_B \approx -\frac{lM}{EI} \qquad (3\text{-}6)$$

式中　I——截面惯性矩。

采用简化方法，将式（3-6）用于螺栓，则有螺栓端截面转角 γ 的计算公式（此处不考虑转角方向，故去除负号）

$$\gamma = \frac{l_K M_B}{EI} \qquad (3\text{-}7)$$

与式（3-4）的推导方式类似，得出螺栓第 i 部分的弯曲柔度β_i：

$$\beta_i = \frac{\gamma_i}{M_B} = \frac{l_i}{E_i I_i} \qquad (3\text{-}8)$$

运用类似于 3.1.1 节的思路分析弯曲状态：作为简化，可将螺栓视为由一系列具有不同长度、不同截面的圆柱体代替的多个单独部分串联组成，具有叠加弯曲，故其整体的弯曲柔度等于各组成部分弯曲柔度之和。即：螺栓的总弯曲柔度β_S由夹紧长度内的各单个圆柱体部分的弯曲柔度β_i、β_{Gew}和夹紧长度以外的变形区域中各部分的柔度β_{SK}、β_{GM}（$\beta_{GM}=\beta_G+\beta_M$）之和来确定[5]，即

$$\beta_S = \beta_{SK} + \beta_1 + \beta_2 + \cdots + \beta_{Gew} + \beta_M + \beta_G \qquad (3\text{-}9)$$

通常按替代弯曲长度l_{ers}（$l_{ers} \neq l_K$），以恒定直径d_3（螺栓螺纹小径）的圆柱杆计算螺栓的总弯曲柔度β_S，将各参数代入式（3-8），得

$$\beta_S = \frac{l_{ers}}{E_S I_3} \qquad (3\text{-}10)$$

则螺栓弯曲角度γ_S的计算式为

$$\gamma_S = \beta_S M_{BgesS} = \frac{l_{ers} M_{BgesS}}{E_S I_3} \qquad (3\text{-}11)$$

式中　M_{BgesS}——作用在螺栓上的弯矩；

　　　I_3——替代圆柱体的惯性矩，由式（3-12）求得。

$$I_3 = \frac{\pi}{64} d_3^4 \qquad (3\text{-}12)$$

3.2　等效变形锥与被夹紧件的柔度

VDI 算法中，无论是"同心夹紧"的定义，还是被夹紧件柔度δ_P的计算，均涉及等效变形锥（也称为虚拟压缩锥、替代变形锥，简称变形锥）的概念，而此概念在机械设计算法中没有涉及。

3.2.1　被夹紧件压应力作用域等效形体的引入

研究表明[10]，在受纯拉伸载荷的紧螺栓连接中，螺栓、螺母及被夹紧件的主应力迹线如图 3-3 所示。拧紧螺母，螺栓头部和螺母的支承面压紧被夹紧件，支承面上的压力分布是不均匀的。在此不均匀的压力作用下，被夹紧件中的应力也为不均匀分布。图 3-4 给出被夹紧件中的等值压应力线，最外侧的图形好似一对截锥形。

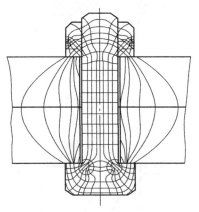

图 3-3　受纯拉伸载荷的紧螺栓
连接的主应力迹线[10]

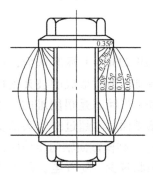

图 3-4　被夹紧件中的等值压应力线[10]

由于拧紧螺母之后，被夹紧件只在一定区域内产生压应力，加之压应力的分布不均匀，给计算被夹紧件的变形和刚度/柔度带来很大困难。因此，通常采用简化的等效形体代替压应力作用区域。先后提出的等效形体有中空的球台、圆柱体和双截圆锥体等，如图 3-5 所示。

3.2.2　等效变形锥

VDI 算法中采用的是中空截圆锥体作为被夹紧件压应力作用域的等效变形体，称为等效变形锥，如图 3-6 所示。

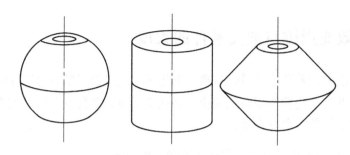

图 3-5　被夹紧件压应力作用域等效形体[10]

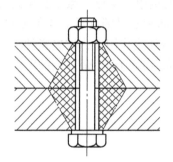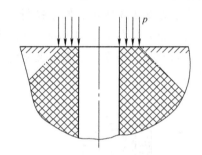

图 3-6　等效变形锥[10]

VDI 2230 −1 标准认为，精确计算施加预加载荷时形成的被夹紧件的三维应力和变形状态是很困难的。当被夹紧件的横截面尺寸超过螺栓头部支承平面外径 d_W，则横截面轴向压缩应力 σ 向外呈放射状减少。随着至头部承受区域距离 y 的增加，压缩应力 σ_Y 的减少量不同。在夹紧体上，压缩应力下的区域随着从螺栓头或螺母向结合面拓宽，成旋转抛物面状。为了方便计算被夹紧件的柔度，用变形锥替代该旋转抛物面[5]（见图 3-7）。

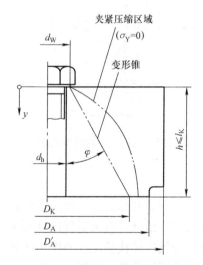

图 3-7　BJ 的夹紧体和计算模型[5]

注：D_K 为变形锥最大外径；D'_A 为非结合面基体替代外径；D_A 为结合面基体替代外径；φ 为变形锥的角度；d_W 为螺栓头部支撑平面外径；d_h 为被夹紧件中螺栓孔的孔径。

3.2.3　被夹紧件柔度计算

1. 计算依据及通用式

根据式（3-4）可知，当构件的横截面积沿 Y 轴变化为 $A(y)$ 时，则有

$$\delta_{\mathrm{P}} = \int_{y=0}^{y=l_{\mathrm{K}}} \frac{\mathrm{d}y}{E(y)A(y)} \tag{3-13}$$

故螺栓连接中具有图 3-7 所示变形体的被夹紧件，其柔度可由式（3-13）求得[5]。

2. 被夹紧件柔度计算公式的推导

如 2.2.1 节所述，被夹紧件的力学模型为压缩弹簧。因此，图 3-7 中的被夹紧件可视为由多个长度为 dy 的压缩弹簧串联组成，且总柔度为各部分柔度之和。

我们尝试由被夹紧件柔度原始计算通式——式（3-13），推导被夹紧件整体柔度的计算公式。同心夹紧，变形锥完全形成的紧螺栓连接柔度计算公式（参见表 3-2）推导过程列出如下：

推导依据：

（1）VDI 算法的原始计算通式[5]

$$\delta_{\mathrm{P}} = \int_{y=0}^{y=l_{\mathrm{K}}} \frac{\mathrm{d}y}{E(y)A(y)}$$

（2）定积分换元法[11]

$$\int_a^b f(x)\,\mathrm{d}x = \int_\alpha^\beta f[\varphi(y)]\varphi'(y)\,\mathrm{d}y \tag{3-14}$$

（3）积分公式[11]

$$\int \frac{\mathrm{d}u}{u^2 - a^2} = \frac{1}{2a}\ln\left|\frac{u-a}{u+a}\right| + c \tag{3-15}$$

设被夹紧件材料的杨氏模量为常数，即 $E(y) = C = E_{\mathrm{P}}$。将 E_{P} 和变形锥的横截面积计算式[11] $A(y) = \pi\left[\left(\dfrac{d_{\mathrm{W}}}{2} + y\tan\varphi\right)^2 - \left(\dfrac{d_{\mathrm{h}}}{2}\right)^2\right]$ 代入式（3-13），可得

$$\delta_{\mathrm{P}} = \int_{y=0}^{y=l_{\mathrm{K}}} \frac{\mathrm{d}y}{E(y)A(y)} = \frac{2}{E_{\mathrm{P}}\pi}\int_{y=0}^{y=\frac{l_{\mathrm{K}}}{2}} \frac{\mathrm{d}y}{\left(\dfrac{d_{\mathrm{W}}}{2} + y\tan\varphi\right)^2 - \left(\dfrac{d_{\mathrm{h}}}{2}\right)^2} \tag{3-16}$$

根据定积分换元法，将 $x = \dfrac{d_{\mathrm{W}}}{2} + y\tan\varphi$，$\mathrm{d}x = \left(\dfrac{d_{\mathrm{W}}}{2} + y\tan\varphi\right)'\mathrm{d}y = \tan\varphi\,\mathrm{d}y$ 代入式（3-14），则由式（3-16）和式（3-15）得

$$\delta_{\mathrm{P}} = \frac{2}{E_{\mathrm{P}}\pi\tan\varphi}\,\frac{1}{2\dfrac{d_{\mathrm{h}}}{2}}\left[\ln\frac{\left(\dfrac{d_{\mathrm{W}}}{2} + y\tan\varphi\right) - \dfrac{d_{\mathrm{h}}}{2}}{\left(\dfrac{d_{\mathrm{W}}}{2} + y\tan\varphi\right) + \dfrac{d_{\mathrm{h}}}{2}}\right]_{y=0}^{y=\frac{l_{\mathrm{K}}}{2}}$$

$$= \frac{2}{E_P \pi \tan\varphi \, d_h} \ln \left[\left(\frac{d_W}{2} + \frac{l_K}{2}\tan\varphi - \frac{d_h}{2} \right) \Big/ \left(\frac{d_W}{2} - \frac{d_h}{2} \right) \Big/ \left(\frac{d_W}{2} + \frac{l_K}{2}\tan\varphi + \frac{d_h}{2} \right) \Big/ \left(\frac{d_W}{2} + \frac{d_h}{2} \right) \right]$$

$$= \frac{2}{E_P \pi \tan\varphi \, d_h} \ln \left[\frac{(d_W + d_h)(d_W + l_K \tan\varphi - d_h)}{(d_W - d_h)(d_W + l_K \tan\varphi + d_h)} \right]$$

即

$$\delta_P = \frac{2}{E_P \pi \tan\varphi \, d_h} \ln \left[\frac{(d_W + d_h)(d_W + l_K \tan\varphi - d_h)}{(d_W - d_h)(d_W + l_K \tan\varphi + d_h)} \right] \tag{3-17}$$

式（3-17）即为同心夹紧下，变形锥完全形成时，螺栓连接的被夹紧件柔度 δ_P 的计算公式。以连接系数 $w = 1$（螺栓连接）代入表3-2中式（3-19），可知推导结果正确。

同理可推导出 VDI 算法中各类等效变形体情形下的被夹紧件柔度计算公式，读者可自行验证，此处不再赘述。

3. 具有相同杨氏模量的被夹紧件柔度计算

对照图3-7分析式（3-13）：δ_P 为 l_K、$E(y)$、$A(y)$ 的函数，因此，对于具有

相同杨氏模量的被夹紧件来说，δ_P 与被夹紧件的层数、分层的位置没有关系。故本节讨论的以被夹紧件具有相同杨氏模量为前提的柔度计算，对被夹紧件层数超过 2 的、具有不同分层位置的多层被夹紧件情况同样适用。

对于螺栓连接，当变形锥大端直径超过被夹紧件外部边缘时，则中间部位形成圆柱状变形筒，如图 3-8 所示[5]。

当被夹紧件为非圆柱体（矩形法兰，多螺栓连接的部件）时，常将其近似看作圆柱体。用作替代的圆柱体外径通常用结合面上的平均边缘距离的两倍来计算。当从螺栓连接系统中分离出单个螺栓连接进行计算时，由于柔度的相互影响，螺栓间距 t 不能作为（代替）外径。而应取 $(2t - d_h)$ 作为 D_A 和 D'_A[6]，详见4.2节图4-8。

螺钉连接的变形锥如图 3-9a 所示。其中螺钉柔度的计算考虑了位于底部的 l_{GM} 部分（参见3.1.1节）。为简化被夹紧件柔度的计

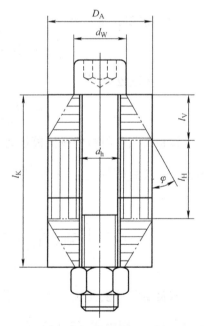

图3-8　变形锥大端直径超过
被夹紧件外部边缘[5]

注：l_V 为变形锥长度；l_H 为变形筒长度。

算，顶部圆锥和底部截短的圆锥由一个柔度相当的变形体所代替，上部为锥，下

部为筒，如图 3-9b 所示[5]。

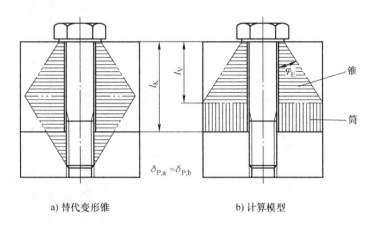

a) 替代变形锥　　　　　　　　　　　b) 计算模型

图 3-9　螺钉连接的变形锥及计算模型[5]

注：φ_E 为螺钉连接变形锥的角度。

对于大部分被夹紧件间接触面稍大（D_A 约为 $1.4d_W$），并具有明显大于 d_W 的基体尺寸 D'_A 的螺钉连接，将适当依据变形体的情况视为螺栓连接。

对直径的限制用于解决是否存在变形筒的问题。图 3-10 中形成完整变形锥的临界直径 $D_{A,Gr}$ 为[5]。

$$D_{A,Gr} = d_W + w\, l_K \tan\varphi \qquad (3\text{-}18)$$

式中　w——表达连接类型的连接系数，螺栓连接取 $w = 1$；螺钉连接取 $w = 2$。

螺栓连接和螺钉连接的被夹紧件长度 l_K 分别见图 3-8 和图 3-9a；变形锥的角度 φ（螺钉连接为 φ_E）参见图 3-7、图 3-8 和图 3-9b。

对于 $D_A \geqslant D_{A,Gr}$，变形模型包括了两个变形锥（TBJ）或一个变形锥（TTJ）；当 $d_W < D_A < D_{A,Gr}$ 时，变形模型既包含变形锥

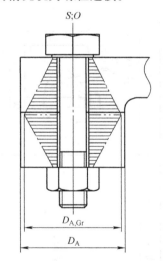

图 3-10　形成完整变形锥的临界直径

又包含变形筒；对于 $d_W \geqslant D_A$，则只需使用一个变形筒来计算柔度[5、10、12]。

当所有被夹紧件的杨氏模量相同时，不同情况下被夹紧件柔度计算见表 3-2。

表 3-2 具有相同杨氏模量 ($E(y) =$ 常数) 的被夹紧件柔度计算[5,10,12]

序号	类别	示意图	计算式
1	原始通用式		$$\delta_P = \int_{y=0}^{y=l_k} \frac{dy}{E(y)A(y)}$$
2	同心夹紧 $s_{sym} = 0$ (含同心加载 $a = 0$,偏心加载 $a \neq 0$) $D_A \geq D_{A,Gr}$,替代变形锥完全形成		$$\delta_P = \delta_P^Z = \frac{2\ln\left[\dfrac{(d_W + d_h)(d_W + w l_K \tan\varphi - d_h)}{(d_W - d_h)(d_W + w l_K \tan\varphi + d_h)}\right]}{w E_P \pi d_h \tan\varphi}$$ (3-19) 式中 δ_P^Z——同心夹紧时被夹紧件的轴向柔度 $\tan\varphi$——被夹紧件变形锥角度的正切,根据连接类型不同,分别由式 (3-20)、(3-21) 求得 TTJ: $\tan\varphi_E = 0.348 + 0.013\ln\beta_L + 0.193\ln y$ (3-20) TBJ: $\tan\varphi_D = 0.362 + 0.032\ln(\beta_L/2) + 0.153\ln y$ (3-21) 式中 β_L——长度比,$\beta_L = l_K/d_W$ y——直径比,$y = D_A'/d_W$

（续）

序号	类别	示意图	计算式
2	同心夹紧（含同心加载 $a=0$，偏心加载 $a\neq0$） $s_{sym}=0$，$d_w < D_A < D_{A,Gr}$，替代变形体由锥和筒组成		方式一：应用式 (3-22) 计算被夹紧件的总柔度 $$\delta_P = \dfrac{\dfrac{2}{w d_h \tan\varphi}\ln\left[\dfrac{(d_w+d_h)(D_A-d_h)}{(d_w-d_h)(D_A+d_h)}\right] + \dfrac{4}{D_A^2-d_h^2}\left[l_K - \dfrac{(D_A-d_w)}{w\tan\varphi}\right]}{E_P \pi} \quad (3\text{-}22)$$ 方式二：应用式 (3-23) 计算上部（或下部）变形锥部分的柔度 δ_P^H；应用式 (3-25) 计算变形筒部分的柔度 δ_P^V，再应用式 (3-27) 累加求得被夹紧件总柔度 $$\delta_P^V = \dfrac{\ln\left[\dfrac{(d_w+d_h)(d_w+2l_V\tan\varphi-d_h)}{(d_w-d_h)(d_w+2l_V\tan\varphi+d_h)}\right]}{E_P d_h \pi \tan\varphi} \quad (3\text{-}23)$$ 式中 l_V——上部（或下部）变形高度，由式 (3-24) 求得 $$l_V = \dfrac{D_A - d_w}{2\tan\varphi} \leqslant \dfrac{w l_K}{2} \quad (3\text{-}24)$$ $$\delta_P^H = \dfrac{4 l_H}{E_P \pi (D_A^2 - d_h^2)} \quad (3\text{-}25)$$ 式中 l_H——变形筒简高度，由式 (3-26) 求得 $$l_H = l_K - \dfrac{2 l_V}{w} \quad (3\text{-}26)$$ $$\delta_P = \dfrac{2}{w}\delta_P^V + \delta_P^H \quad (3\text{-}27)$$

（续）

序号	类别	示意图	计算式
2	同心夹紧 $s_{sym} = 0$（含同心加载 $a = 0$，偏心加载 $a \neq 0$） $d_W \geq D_A$ 替代变形体仅由变形筒组成	（d_W，D_A）	$$\delta_P^H = \frac{4\,l_H}{E_P\,\pi(D_A^2 - d_h^2)} \quad (3\text{-}28)$$ 式中 δ_P^H——变形筒的柔度 l_H——变形筒长度，（此处变形筒长度 $l_H = l_K$）
3	偏心夹紧，同心加载 $s_{sym} \neq 0,\ a = 0$	等效变形体、替代基体、F_A、O、S、s_{sym}、D_A、$D_{A,Gr}$	$$\delta_P^* = \delta_P + \frac{s_{sym}^2}{E_P}\,\frac{l_K}{I_{Bers}} \quad (3\text{-}29)$$ 式中 δ_P^*——偏心夹紧时被夹紧件的柔度
4	偏心夹紧，偏心加载 $s_{sym} \neq 0,\ a \neq 0$	螺栓轴线 $S\,O$、横向对称夹紧体轴线、虚拟横向对称夹紧件、偏心情况的夹紧体、s_{sym}、F_A、F_A、a	$$\delta_P^{**} = \delta_P + \frac{a\,s_{sym}}{E_P}\,\frac{l_K}{I_{Bers}} \quad (3\text{-}30)$$ 式中 δ_P^{**}——偏心夹紧、偏心加载时被夹紧件的柔度 a 和 s_{sym} 的符号规则见 5.4 节表 5-4

注：各种情况下计算公式的适用条件详见参考文献 [5] 5.1.2 节。

在表 3-2 中偏心夹紧的情况下，由于被夹紧件位于螺栓轴线两侧部分的柔度不同，横向不对称的变形体将会导致螺栓头部偏斜。除了变形体的纵向变形之外，偏心夹紧（参见图 2-9）还会导致被夹紧件的弯曲变形。故被夹紧件在偏心夹紧下的柔度 δ_P^* 将比同心夹紧下的柔度更大[5]。上述近似计算适用以下条件及简化假设：

1）被夹紧部分形成棱柱体。

2）被夹紧部分由基体和连接体组成。在基体分界的横截面上，弯曲拉伸侧的表面压力大于零。

3）在载荷作用下，基体的所有横截面保持平面，其应力为线性分布。

上述假设通常仅适用于结合面区域尺寸 c_T 不超过式（2-24）和式（2-25）中的限制尺寸 G 和 G'（参见 2.2.3 节）的情况，更加详尽的论述见参考文献[5] 5.1.2.2 节。

4. 具有不同杨氏模量的被夹紧件柔度计算

实际应用中，经常会遇到各被夹紧件具有不同杨氏模量的情况，这时人们往往会提出以下几种问题：

1）此时被夹紧件的柔度计算式与表 3-2 中各相应计算公式有什么不同？应如何推导计算公式？

2）根据被夹紧件的总柔度为各部分柔度之和的原理，可否应用各种情况下（变形锥完整形成、变形锥 + 变形筒、仅含变形筒）的相应计算公式计算出各层被夹紧件的柔度，然后再累加？

3）在计算具有不同杨氏模量的多层（两层以上）被夹紧件柔度时，有哪些需要特别注意的问题？

当被夹紧件包含多个杨氏模量不同的部件时，则整个变形体除了应根据 D_A 的尺寸大小分成变形筒和变形锥外，还需按杨氏模量的不同，分成长度为 l_i 的 m 个变形体。故有[5]

$$l_K = \sum_{i=1}^{m} l_i \tag{3-31}$$

下面按不同情况分别讨论。

（1）同心夹紧且仅含变形锥　在同心夹紧且变形锥完全形成（$D_A \geqslant D_{A,Gr}$）的情况下，从螺栓头部或螺母支承面开始，在变形锥区域内，前一锥体部分的大径用作被夹紧件 i 的变形锥的承压直径 $d_{W,i}$，则有

$$d_{W,i} = d_W \quad (i = 1) \tag{3-32}$$

$$d_{W,i} = d_{W,i-1} + 2\tan\varphi \, l_{i-1} \quad (i > 1) \tag{3-33}$$

处于变形锥中的第 i 个被夹紧件的柔度 δ_{Pi}^V 为

$$\delta_{Pi}^V = \frac{\ln\left[\dfrac{(d_{W,i} + d_h)(d_{W,i} + 2\,l_i\tan\varphi - d_h)}{(d_{W,i} - d_h)(d_{W,i} + 2\,l_i\tan\varphi + d_h)}\right]}{E_{Pi}d_h\pi\tan\varphi} \tag{3-34}$$

被夹紧件的总柔度[5]δ_P为

$$\delta_P = \delta_P^V = \sum_{i=1}^{m} \delta_{Pi}^V = \frac{1}{d_h\pi\tan\varphi}\sum_{i=1}^{m}\frac{\ln\left[\dfrac{(d_{W,i} + d_h)(d_{W,i} + 2\,l_i\tan\varphi - d_h)}{(d_{W,i} - d_h)(d_{W,i} + 2\,l_i\tan\varphi + d_h)}\right]}{E_{Pi}} \tag{3-35}$$

几个注意事项：

1）参考文献［5］中式（52）为

$$d_{W,i} = d_W + 2\tan\varphi\sum_{i=1}^{j} l_{i-1}$$

这里将其更换了表达形式，以便于理解及编程应用。

2）应用式（3-31）~式（3-35）时需注意，由于变形锥分为正锥和倒锥两部分，故应分别应用相对应的公式。假设螺栓头部位于上部，螺母位于下部，从螺栓头部开始向下至正锥截止处，计算正锥部分柔度值；再由螺母支承面开始向上至倒锥截止处，计算倒锥部分柔度值；然后将两者相加，求得被夹紧件的总柔度值。编程时尤其需要考虑到各种可能发生的情况，如正、倒锥结合面与实际被夹紧件结合面的相对位置等。具体处理方法参见 3.3.2 节的 MATLAB 源程序。

若不考虑正、倒锥，从螺纹头部开始直至螺母支承面止，一并生搬硬套上述公式，将导致错误。例如，图 3-11a 中厚度为l_3的第三个被夹紧件的柔度计算，正确的方法应为：先将第三层分为上锥（正锥）和下锥（倒锥）两部分，该上下两部分锥体的小端直径分别为各自相邻层（上锥为相邻上层，下锥为相邻下层）的大端直径，然后分别计算层 3 的上锥、下锥部分柔度，故层 3 的柔度应为该两部分之和，其对应的等效变形体如图 3-11b 所示。错误的层 3 等效变形体如图 3-11c 所示，过螺栓轴线剖面的梯形左右下角两三角形为多算的部分。针对实例的正误计算及解释详见第 10 章的问题 5。

（2）同心夹紧且含变形锥和变形筒   在同心夹紧且替代变形体由圆锥和圆筒组成（$d_W < D_A < D_{A,Gr}$）的情况下，其变形锥部分的计算参照"同心夹紧且仅含变形锥"中的方法，其变形筒部分柔度计算则参照表 3-2 中的式（3-28），有

$$\delta_{Pi}^H = \frac{4l_i}{E_{Pi}\pi(D_A^2 - d_h^2)} \tag{3-36}$$

故被夹紧件的总柔度为[5]

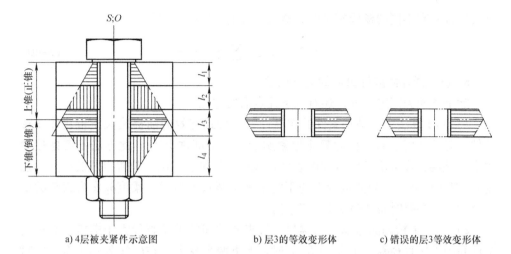

a) 4层被夹紧件示意图　　　　b) 层3的等效变形体　　c) 错误的层3等效变形体

图 3-11 具有不同杨氏模量的 4 层被夹紧件与等效变形锥示意图

$$\delta_P = \sum_{i=1}^{j} \delta_{Pi}^V + \sum_{i=j+1}^{m} \delta_{Pi}^H$$

$$= \frac{1}{d_h \pi \tan\varphi} \sum_{i=1}^{j} \frac{\ln\left[\frac{(d_{W,i} + d_h)(d_{W,i} + 2\,l_i \tan\varphi - d_h)}{(d_{W,i} - d_h)(d_{W,i} + 2\,l_i \tan\varphi + d_h)}\right]}{E_{Pi}} +$$

$$\frac{4}{\pi(D_A^2 - d_h^2)} \sum_{i=j+1}^{m} \frac{l_i}{E_{Pi}} \tag{3-37}$$

式中　j——变形锥部分的被夹紧件数目，变形筒部分被夹紧件的数目为 $m-j$。

在这种情况下，编程时除了上述提到的需要注意的问题外，还需考虑变形锥与变形筒交界面与实际被夹紧件结合面的相对位置等。

（3）同心夹紧且仅含变形筒　此种情况（$d_W \geqslant D_A$）较为简单，只需根据"同心夹紧且含变形锥和变形筒"中变形筒部分的柔度计算方法，参照式 (3-36) 计算各个被夹紧件的柔度，由式 (3-38) 计算被夹紧件的总柔度即可。

$$\delta_P = \delta_P^H = \sum_{i=1}^{m} \delta_{Pi}^H = \frac{4}{\pi(D_A^2 - d_h^2)} \sum_{i=1}^{m} \frac{l_i}{E_{Pi}} \tag{3-38}$$

（4）偏心夹紧、同心加载　在偏心夹紧、同心加载情况下，当连接中的多个被夹紧件具有不同的杨氏模量时，其被夹紧件的柔度 δ_P^* 为[5]

$$\delta_P^* = \delta_P + s_{sym}^2 \sum_{i=1}^{m} \frac{l_i}{E_{Pi} I_{Bers,i}} \tag{3-39}$$

（5）偏心夹紧、偏心加载　在偏心夹紧、偏心加载情况下，当连接中的多个

被夹紧件具有不同的杨氏模量时，被夹紧件的柔度δ_P^{**}为[5]

$$\delta_P^{**} = \delta_P + a\, s_{sym} \sum_{i=1}^{m} \frac{l_i}{E_{Pi}\, I_{Bers,i}} \qquad (3-40)$$

5. 被夹紧件柔度计算中的其他问题

除上述相关问题之外，还有以下几点需要注意。

1）VDI 算法中，被夹紧件的柔度计算各公式有效的前提是大质量物体变形条件，通常适用于部件相对静止地紧贴于另一个部件上[5]。此方法不考虑接触柔度（接触柔度取决于结合面的表面粗糙度、数量、范围、位置以及被夹紧件强度）。对于被夹紧件为数量较大的不完全平整薄板的情况，柔度δ_P作为载荷的函数会增加，必要时需通过试验确定其值。

2）出于更精确的考虑，当螺母与被夹紧件间的承压直径大于螺栓头与被夹紧件间的承压直径d_W，且$D_A > D_{A,Gr}$时，上下两个变形锥在$l_K/2$处不重合，此时螺母端由式（3-41）替代表3-2中的式（3-21）进行计算[5]。

$$\tan\varphi_D = 0.357 + 0.05\ln(\beta_L/2) + 0.121\ln y \qquad (3-41)$$

式中　φ_D——螺栓连接变形锥的角度。

3）VDI 标准中介绍的被夹紧件的柔度计算，未考虑偏心载荷F_A增大至一侧开始离缝的情形，其原因是该标准设立的目标是通过采用充分的最小夹紧载荷来避免这种离缝。

4）在螺栓连接的应用中，偶尔可能遇到某一个或几个被夹紧件的螺栓孔尺寸与其他被夹紧件不一致的情况。若差别不大，可选取较为合适的值作为d_h代入上述相应公式进行近似计算δ_P；欲求得更加精确的结果，可将$A(y)$代入原始通用式（3-13）中计算δ_P。

5）作为4）较为极端的例子，螺栓孔为非圆孔，例如：为使被夹紧件之间的相对位置能够实现少量的调整，而采用长槽孔（也称为椭圆孔、长圆孔等），如图 3-12 所示。此时，由于被夹紧件在长槽方向挖空太多，无法形成完整的等效变形体（变形锥或/和变形筒）。我们认为，将$A(y)$代入原始通用式（3-13）中计算被夹紧件的柔度δ_P，不失为一种较为合理的解决办法。

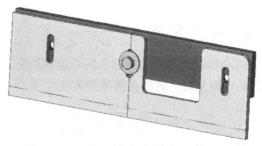

图 3-12　被夹紧件螺栓孔为长槽孔

6）各类情况下，被夹紧件柔度计算公式中各类惯性矩的计算，见参考文献 [5] 中 5.1.2 节，此处不再赘述。

3.3 连接的柔度编程计算

为了突出 VDI 算法的计算过程，并便于读者理解、调试和应用，以下各章选列的各程序段尽量简洁清晰，缩略了较为复杂的分支，对输入输出部分也采用了最为简便的方法，用户可选择更为适合自身需求的方法重新编制。另外，为节省篇幅，程序中凡与 VDI 算法相对应或一目了然的符号，未一一列出。各章子程序算例均为 9.2 节的 M16×50 螺栓连接计算实例，以便对照阅读验证。

3.3.1 螺栓柔度编程计算

螺栓各区域的划分如图 3-13 所示。程序中变量名 ask、a1、aGew、aG、aM 分别表示 VDI 算法中的 δ_{SK}、δ_1、δ_{Gew}、δ_G、δ_M。

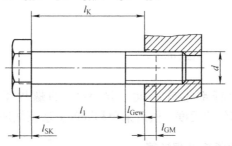

图 3-13 螺栓各区域的划分

参考程序一：对应于计算步骤 R3 中螺栓轴向柔度δ_S计算的 MATLAB 子程序。

```
% SLSRD  螺栓柔度
clc
clear all
% 输入已知量
d = 16;
p = 2;
l1 = 12;
ll = 50;
Es = 206000;
Em = 206000;
lk = 17;
% 计算有关参数
```

```
lsk = 0.5 * d;
lGew = lk - l1;
d3 = d - 1.0825 * p;
lG = 0.5 * d;
lM = 0.4 * d;
% 计算螺栓各部分轴向柔度
ask = 4 * lsk/(Es * pi * d * d);
a1 = 4 * l1/(Es * pi * d * d);
aGew = 4 * lGew /(Es * pi * d3 * d3);
aG = 4 * lG/(Es * pi * d3 * d3);
aM = 4 * lM/(Em * pi * d * d);
% δ_S 螺栓的总柔度
as = ask + a1 + aGew + aG + aM;
fprintf('螺栓的轴向总柔度(单位:mm/N)')
format; as
```

运行结果:

螺栓的轴向总柔度(单位:mm/N)

as = 1.0572e – 06

说明:对于螺栓杆部形式不同于图 3-13 的螺栓柔度计算,只需应用式 (3-4)计算出该部分的柔度,然后采用相同的方法累加即可。

3.3.2 被夹紧件柔度编程计算

在实际应用中,可能会遇到被夹紧件的材料 (E_P)、形状、几何尺寸、对称性、连接类型 (螺栓、螺钉)、夹紧类型 (同心、偏心夹紧)、载荷类型 (同心、偏心加载)、加载位置 ($n=1$、$n<1$) 等各种不同情况,故其柔度计算的通用程序编制需要考虑的问题也较多。此处列出程序框图 (见图 3-14) 供参考。

现仅从整个被夹紧件柔度计算程序中提取出一个分支列出,供读者参考。其他部分可参考框图自行编制。

为方便学习理解,选列的分支为:螺栓连接 ($w=1$),多层被夹紧件为不同材料,变形锥能够完全形成,同心夹紧情况下 [即图 3-14 中 $E(y) \neq C$, $D_A \geq D_{A,Gr}$, $TXJJ = 1$] 的被夹紧件轴向柔度计算的参考子程序。

程序中变量名 DA1、a、sh 分别表示 VDI 算法中的 D'_A、φ_D、$\tan\varphi_D$;Epxt 为被夹紧件杨氏模量情况,$E(y)$ 为常数时 Epxt = 1,否则为 0;fjch 为正锥倒锥结合面所处的层数序号;fjch_s 为正锥倒锥结合面处于正锥部分的厚度;fjch_x 为正锥倒锥结合面处于倒锥部分的厚度。

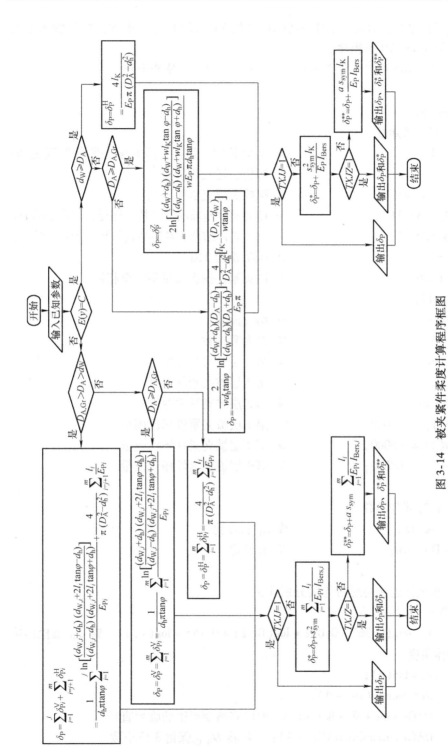

图 3-14　被夹紧件柔度计算程序框图

注：框图中按 $D_A \geqslant D_{A,G}$ 时，被夹紧件的两个代替变形圆锥体在 $l_K/2$ 处重合编制。对螺母与被夹紧件间的承压直径大于螺栓头与被夹紧件间的承压直径，两个代替变形圆锥体在 $l_K/2$ 处不重合的情况，参照 3.2.3 节 "5. 被夹紧件柔度计算中的其他问题" 中所述方法处理即可。$TXJJ$ 为夹紧类型，$TXJJ = 1$ 表示同心夹紧，$TXJJ = 0$ 表示偏心夹紧，$TXJZ$ 为加载类型，$TXJZ = 1$ 为加载同心加载，$TXJZ = 0$ 表示偏心加载；j 为变形部分的被夹紧件数目。

参考程序二：对应于计算步骤 R3（见 VDI 2230 –1）中被夹紧件轴向柔度 δ_P 计算的 MATLAB 子程序。

```
% SBJJJRD 被夹紧件柔度计算（用于计算仅含完整变形锥）
clc
clear all
% 输入已知量
lk = 17;                        % 夹紧长度，螺栓：所有被夹紧件厚度之和；
                                螺钉：通孔件厚度
dw = 22.49;                     % 螺栓头部支承面外径
DA1 = 37.31;                    % 被夹紧件基础固件的替代外径，VDI 中的 D'A
DA = 29.45;                     % 被夹紧件结合面基体替代外径，VDI 中的 DA
W = 1;                          % DSV 螺栓 TBJ
Epxt = 0;                       % 被夹紧件杨氏模量不完全相同
dh = 17;
n = 2;                          % 结合面数
m = 3;                          % 被夹紧件数目
l(1) = 10;                      % 第 1 层被夹紧件厚度
l(2) = 3;                       % 第 2 层被夹紧件厚度
l(3) = 4;                       % 第 3 层被夹紧件厚度
Ep(1) = 205000;                 % 第 1 层被夹紧件杨氏模量
Ep(2) = 205000;                 % 第 2 层被夹紧件杨氏模量
Ep(3) = 169000;                 % 第 3 层被夹紧件杨氏模量


% 计算部分参数
Bl = lk/dw;                     % βL 长度比
y = DA1/dw;                     % 直径比


% 按螺栓连接与螺钉连接分别计算
if W = = 1
    a = atan(0.362 + 0.032 * log(Bl/2) + 0.153 * log(y));   % φD 螺栓连接
的圆锥体角度
    sh = tan(a);
    sh = roundn(sh, -4);
    DAGr = dw + W * lk * sh;    % 形成完整变形锥的临界直径
    DAGr = roundn(DAGr, -3);    % 将 DA,Gr 保留 3 位小数
```

```
        fprintf('tan(a) = % f\n', sh)
    fprintf('DAGr = % f\n',DAGr)
    else
        a = atan(0. 348 + 0. 013 * log(Bl) + 0. 193 * log(y));        %  φ_E 螺钉连接
的圆锥体角度
        sh = tan(a);
        sh = roundn(sh, -4);
        DAGr = dw + W * lk * sh;
        DAGr = roundn(DAGr, -3);
        fprintf('tan(a) = % f\n', sh)
        fprintf('DAGr = % f\n',DAGr)
    end


    %  确定采用子程序号
    if Epxt = = 1
    fprintf ('所有被夹紧件杨氏模量相同')
    %  采用子程序 1 计算, 此处略
    else
    fprintf ('被夹紧件具有不同的杨氏模量')
    fprintf('        ')
    %  采用子程序 2 计算
    if DAGr > DA & DA > dw
    fprintf ('被夹紧件含变形锥和变形筒')
    %  采用子程序 2-1 计算, 此处略
    else
        if dw > = DA
    fprintf ('被夹紧件仅含变形筒')
    %  采用子程序 2-3 计算, 此处略
    end
    fprintf ('被夹紧件仅含变形锥')
    fprintf('   ')
    %  采用子程序 2-2 计算, 如下
    end
    end
```

```
% 子程序 2-2 部分 D_A ≥ D_A,Gr 能形成完全锥
% 确定正锥倒锥分界所处的层数序号
fprintf（'半锥厚度'）
mlk = lk/2.0    % 半 l_K
lkt = 0.0;
ap = 0.0;
apz = 0.0;                      % δ_P 各部分累加
apf = 0.0;
lh = 0.0;
zzcs = 0.0;
for i = (1:1:m)
    lkt = lkt + l(i);
if (mlk = = lkt)                % 上下锥分界
        fprintf（'正锥的层数为'）
        zzcs = i
        fprintf（'倒锥的层数为'）
        dzcs = m − i
        break
    end

if (mlk < lkt)                  % 若当前总 l 超过上半锥
        fprintf（'正锥倒锥分界所处的层数序号为'）
            fjch = i           % 正锥倒锥分界所处的层数序号
fjch_x = lkt − mlk;             % 正锥倒锥分界层处于倒锥部分厚度
fjch_s = l(i) − fjch_x;         % 正锥倒锥分界层处于正锥部分厚度
                break
end
    end

% 计算被夹紧件总柔度

if zzcs = = 0.0    % 具有跨上下锥层
if fjch = = 1    % 正锥倒锥分界所处的层数为 1
i = 1;
dw2(i) = dw;
```

```
       K(i) = (1/(Ep(i) * pi * dh * tan(a))) * log(((dw2(i) + dh)/(dw2(i) -
dh)) * ((dw2(i) + 2 * (lk/2) * tan(a) - dh)/(dw2(i) + 2 * (lk/2) * tan(a) +
dh)));
       apz = apz + K(i);              % 正锥部分柔度
       else
       for i = (1:1: fjch - 1)        % 全位于上锥部分被夹紧件的柔度
         if i = = 1;
                dw2(i) = dw;
             else
                lh = l(i - 1);
                dw2(i) = dw2(i - 1) + 2 * tan(a) * lh;      % 当前锥小端
             end
             K(i) = (1/(Ep(i) * pi * dh * tan(a))) * log(((dw2(i) + dh)/(dw2
(i) - dh)) * ((dw2(i) + 2 * l(i) * tan(a) - dh)/(dw2(i) + 2 * l(i) * tan(a) +
dh)));
                apz = apz + K(i);
             end                        % 上部 i 个正锥柔度

          if fjch > 1
             i = fjch;                   % 跨上下锥件的层柔度
             lh = l(i - 1);
             dw2(i) = dw2(i - 1) + 2 * tan(a) * lh;
             ics = (1/(Ep(i) * pi * dh * tan(a))) * log(((dw2(i) + dh)/(dw2(i) -
dh)) * ((dw2(i) + 2 * fjch_s * tan(a) - dh)/(dw2(i) + 2 * fjch_s * tan(a) +
dh)));                          % 跨上下锥件的层上锥部分柔度
          apz = apz + ics;              % 累加后为正锥部分柔度
          end
          end

       for i = (m: - 1: fjch + 1)        % 加全位于下锥部分被夹紧件的柔度
       if i = = m
                dw2(i) = dw;
             else
                lh = l(i + 1);
                dw2(i) = dw2(i + 1) + 2 * tan(a) * lh;       % 当前锥小端
```

```
        end
        K(i) = (1/(Ep(i) * pi * dh * tan(a))) * log(((dw2(i) + dh)/(dw2
(i) - dh)) * ((dw2(i) + 2 * l(i) * tan(a) - dh)/(dw2(i) + 2 * l(i) * tan(a) +
dh)));
        apz = apz + K(i);
    end                         % 下部 m - i 个倒锥柔度
    i = fjch;
    lh = l(i + 1);
    dw2(i) = dw2(i + 1) + 2 * tan(a) * lh;
    icx = (1/(Ep(i) * pi * dh * tan(a))) * log(((dw2(i) + dh)/(dw2(i) -
dh)) * ((dw2(i) + 2 * fjch_x * tan(a) - dh)/(dw2(i) + 2 * fjch_x * tan(a) +
dh)));                         % 跨上下锥件的倒锥部分柔度
    apz = apz + icx;            % 被夹紧件全部柔度
    fprintf('被夹紧件总柔度（单位：mm/N）')
    format; apz


    else                        % 正锥和倒锥的结合面恰与被夹紧件结合面位
                                   置重合
        for i = (1:1: zzcs)     % 正锥部分被夹紧件的柔度
    if i = = 1
            dw2(i) = dw;
        else
            lh = l(i - 1);
            dw2(i) = dw2(i - 1) + 2 * tan(a) * lh;    % 当前锥小端
        end
        K(i) = (1/(Ep(i) * pi * dh * tan(a))) * log(((dw2(i) + dh)/(dw2
(i) - dh)) * ((dw2(i) + 2 * l(i) * tan(a) - dh)/(dw2(i) + 2 * l(i) * tan(a) +
dh)));
        apz = apz + K(i);
    end

    for i = (m: - 1: zzcs + 1)  % 加下锥部分被夹紧件的柔度
    if i = = m
            dw2(i) = dw;
        else
```

```
            lh = l(i + 1);
            dw2(i) = dw2(i + 1) + 2 * tan(a) * lh;        % 当前锥小端
        end
        K(i) = (1/(Ep(i) * pi * dh * tan(a))) * log(((dw2(i) + dh)/(dw2
(i) - dh)) * ((dw2(i) + 2 * l(i) * tan(a) - dh)/(dw2(i) + 2 * l(i) * tan(a) +
dh)));
        apz = apz + K(i);
    end
    fprintf('被夹紧件总柔度（单位：mm/N）')
    format;apz
    end
```

运行结果：
tan(a) = 0.408300
DAGr = 29.431000
被夹紧件具有不同的杨氏模量　被夹紧件仅含变形锥
半锥厚度
mlk = 8.5000
正锥倒锥分界所处的层数序号为
fjch = 1
被夹紧件总柔度（单位：mm/N）
apz = 3.1166e - 07

本章小结

本章分析讨论了 VDI 算法中螺栓柔度及被夹紧件柔度计算的原理、方法及编程计算。该部分内容与机械设计算法差别显著。

第 4 章　载荷的引入及载荷引入系数

由 2.2.1 节可知，轴向工作载荷 F_A 是决定附加螺栓载荷 F_{SA} 的主要因素。而 F_A 的三要素之一——力的大小对 F_{SA} 的影响，在函数关系式 $F_{SA}=f(F_A)$ 中显而易见。VDI 算法参见式（2-16）和式（2-17），在机械设计算法中的相应函数式为 2.1 节中的式（2-13）。

此时，我们不禁会思考：力 F_A 的另外两个要素——作用线的方向和作用点，对 F_{SA} 的影响体现在何处呢? 机械设计算法与 VDI 算法中是如何考虑和处理的呢?

本章将针对上述问题分别进行探讨。

4.1　轴向工作载荷的等效作用线位置

在 VDI 算法中，a 为轴向工作载荷 F_A 的等效作用线与虚拟横向对称变形体轴线之间的距离。F_A 的等效作用线位置是由最靠近螺栓系统弯曲力矩的零点位置获得的。该零点允许以独立平衡的状态将单螺栓连接子系统从整个系统中分离出来。

a 值的计算为应用工程力学问题，需依据弹性力学规律，对系统进行包括被夹紧件的弯曲变形特性的相关静不定分析，根据具体实例进行分析计算。VDI 算法中的实例[5]如图 4-1、图 4-2 所示。

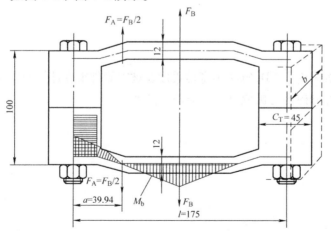

图 4-1　同心夹紧的框架结构力矩零点的位置

注：符号含义见附录。

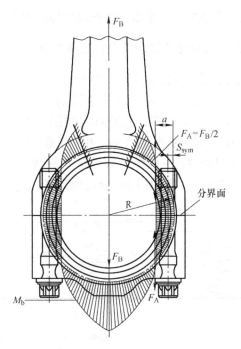

图 4-2　偏心夹紧的分离式连杆上的力矩特性

由 2.2.3 节偏心夹紧、偏心加载 ($s_{sym} \neq 0$, $a > 0$) 情况下 F_{SA} 的计算式 (2-23)

$$F_{SA} = n \frac{\delta_P^Z + s_{sym} a \dfrac{l_K}{E_P I_{Bers}}}{\delta_S + \delta_P^Z + s_{sym}^2 \dfrac{l_K}{E_P I_{Bers}}} F_A$$

可知，F_{SA} 为 a 的函数，此式体现了力 F_A 的作用线方向（由 a 体现）对 F_{SA} 的影响。

在机械设计计算法中（参见 2.1 节），附加螺栓载荷计算式 $F_{SA} = \dfrac{c_1}{c_1 + c_2} F$ 没有涉及轴向工作载荷的等效作用线位置——距离 a 的概念。

4.2　载荷引入系数的影响因素及确定方法

在 VDI 2230 - 1[5] 中，人们使用到的第一个公式为本书中的式 (2-16)。在 $M_B = 0$，且同心夹紧的情况下，该公式为式 (2-20)：$F_{SA} = n \dfrac{\delta_P}{\delta_P + \delta_S} F_A$。式中系数 n 称为载荷引入系数，用于描述 F_A 的引入点位置所产生的影响，且对附加螺

栓载荷 F_{SA} 值的确定至关重要。该系数在机械设计算法中未涉及。

4.2.1 载荷引入位置对螺栓连接受力和变形的影响

2.2 节图 2-6 表达了螺栓连接的弹簧模型和载荷与位移之间的关系，现以此图为基础，定性分析载荷引入位置对螺栓连接的受力和变形关系的影响。在图 4-3b ~ d所示各状态下，F_M 不变，故所对应的图 4-3e ~ g 中的 A 点不变。将图 4-3g与 f 相比，可以这样理解：当 n <1 时，相当于螺栓的载荷－位移线 S_1 绕 A 点旋转变为 S_2；而被夹紧件的载荷－位移线 S_3 绕 A 点旋转变为 S_4。从而导致在承受相同的工作载荷 F_A 的情况下，F_{SA} 值下降，F_{PA} 值升高，F_{KR} 值下降，参见图 4-3g。

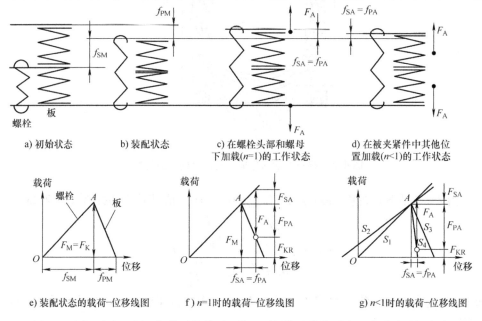

图 4-3 同心夹紧、同心加载时载荷引入位置对螺栓连接的受力和变形关系的影响
（未考虑预加载荷的变化）

载荷引入位置对螺栓连接的受力和变形关系的定量影响，通过载荷引入系数 n 值，体现于载荷系数 Φ、附加螺栓载荷 F_{SA}、附加被夹紧件载荷 F_{PA}、螺栓连接结合面完全离缝和单侧离缝的条件等的分析计算中，进而影响到装配预加载荷的计算、应力和强度校核等。详见后续章节。

4.2.2 载荷引入系数的基本原理

载荷引入系数 n 定义[5]为：单位工作载荷（即 $F_A = 1N$）所引起的螺栓头部的轴向位移 δ_{VA} 与被夹紧件柔度 δ_P 之比。由此定义，可应用力学原理，根据预加载荷下被夹紧件的位移来确定载荷引入系数 n，如图 4-4 所示。若螺栓头与被夹紧件之间、螺母与被夹紧件之间的两个承压面的位移分别为 f_{V1} 和 f_{V2}，工作载荷引入点 K 所发生的位移分别为 f_{VK1} 和 f_{VK2}，则载荷引入系数 n 可由位移比例获得，即

$$n = \frac{\delta_{VA}}{\delta_P} = \frac{f_{VK1} + f_{VK2}}{f_{V1} + f_{V2}} \tag{4-1}$$

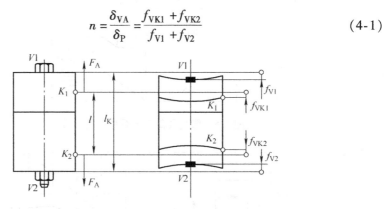

图 4-4　根据预加载荷下被夹紧件的位移来确定载荷引入系数 n[5]

4.2.3　影响载荷引入系数的因素

早先的载荷引入系数 n 定义为"被夹紧件释放载荷区段长度 l 和夹紧长度 l_K 的比值"，而实际上此定义仅适用于 $D_A \leqslant d_W$（螺栓头部支承区域外径）的情况，此时每个横截面在预加载荷下依然保持平整。在大多数情况下，$D_A > d_W$，而影响载荷引入系数 n 的因素，远不止上述 l 和 l_K 两个参数。

根据连接的变形特性，可以确定 n。而变形状态在很大程度上取决于连接的几何形状。

对于同心夹紧连接，载荷引入系数受图 4-5 中与几何体有关的以下参数的影响：预加载区域边缘与载荷引入点之间的距离 a_K，预加载区域边缘与连接横向边缘之间的距离 a_r，载荷引入高度 h_K，孔径 d_h。

在图 4-5 所示平行于纸面的平面内，这些参数与二维情形下的载荷引入系数 n_{2D} 的近似关系如图 4-6 所示。在 h 值一定的前提下：① a_K 越大，则 n_{2D} 值越小；② 对于不同的 a_K/h，h_K 增大时对 n_{2D} 值的影响不同：a_K/h 值较大时，大致趋势为 n_{2D} 值先随之增大，再近乎不变，最后稍有下降；a_K/h 值较小时，大致趋势为 n_{2D} 值先随之迅速增大，再增速减缓，然后稍有下降；$a_K/h = 0$ 时，$n_{2D} - (h_K/h)$ 的关系为理论特征斜直线。③当 $a_K = 0$，且 $h_K = h$ 时，即载荷引入点位于预加载区域边缘，且位于螺栓头部（或螺母）所处平面，$n_{2D} = 1$。

偏心夹紧连接的载荷引入系数 n^* 将受到更多参数的影响。VDI 2230 – 1[5] 附

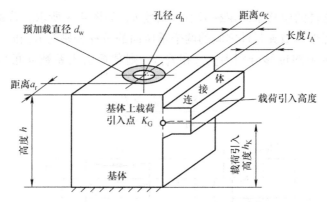

图 4-5 影响载荷引入系数 n 的参数[5]

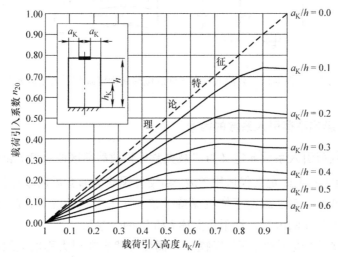

图 4-6 载荷引入系数 n_{2D}[5]

录 C 中给出了近似计算公式（因假设变形截面仍保持为平面，故仅适用于较小偏心量）。

$$n^* \approx n \frac{\delta_P + as_{sym}\dfrac{l_K}{E_P I_{Bers}}}{\delta_P + s_{sym}^2\dfrac{l_K}{E_P I_{Bers}}} = n\frac{\delta_P^{**}}{\delta_P^*} \tag{4-2}$$

当多层被夹紧件具有不同的杨氏模量时，以式（4-3）替代公式（4-2）。

$$n^* \approx n \frac{\delta_P + as_{sym}\displaystyle\sum_{i=1}^{m}\dfrac{l_i}{E_{Pi} I_{Bers,i}}}{\delta_P + s_{sym}^2\displaystyle\sum_{i=1}^{m}\dfrac{l_i}{E_{Pi} I_{Bers,i}}} \tag{4-3}$$

4.2.4　载荷引入系数的确定步骤

较为常用的是以下简化计算方法[5]，其适用范围见参考文献 [5] 5.2.2.2
节。确定步骤如下。

1. 从整个连接体系中分离出单螺栓连接

以图 4-7 为例，单螺栓连接应以截面无力矩的方式，从整个连接体系中释放
（分离）出来，以符合简化方法的限制条件。

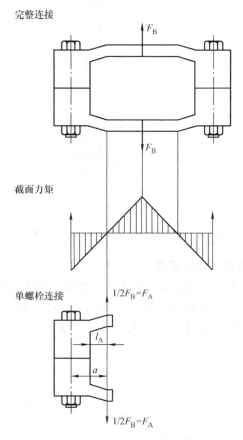

图 4-7　从整个连接体系中分离出单螺栓连接[5]

当从多螺栓连接中提取单螺栓进行计算时（见图 4-8），由于两侧连接变形
的影响，不取孔间距 t 作为替代圆柱的外径，而将最靠近孔边缘的变形锥的全部
范围作为基准来处理。即应取 $(2t - d_h)$ 作为 D_A 和 D'_A[6]（当结合面基体替代外
径与非结合面基体替代外径一致时）。

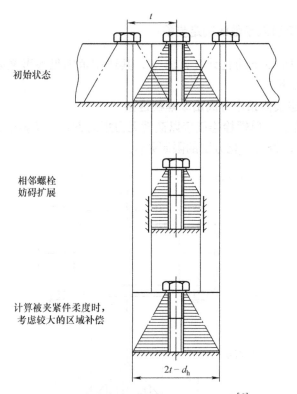

图 4-8　相邻螺栓对单螺栓连接的影响[6]

2. 将连接件分为基体和连接体

针对载荷引入，连接件可细分为基体和连接体。基体构成了影响被夹紧件的弹性区域（最大为 G 处，见参考文献［5］5.1.2 节），并因此还构成了变形锥。工作载荷可通过连接体传递到基体（见图 4-9），载荷引入点 K_G 约位于连接体的中部。

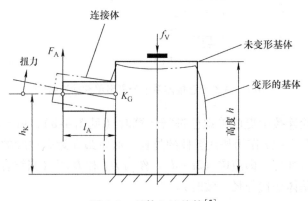

图 4-9　基体和连接体[5]

3. 确定连接类型

根据载荷引入点的位置而划分的连接类型如图 4-10 所示。注意确保被夹紧件之间的结合面位于标记区域中。这标志着夹紧均匀且设计合理。利用素线相对于螺栓轴为 30°角的锥体（见图 4-11），即可大致确定该区域。

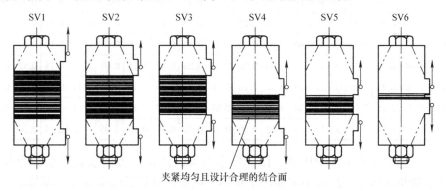

图 4-10 根据载荷引入点的位置而划分的连接类型[5]

在简化限制范围内，可将此螺栓连接分类结果用于螺钉连接。特别是类型 SV1、SV2 和 SV4。此时下部被夹紧件代表含有内螺纹的元件。对于高度 h，仅需确定上部被夹紧件的高度（见图 4-9）。

4. 确定参数

根据连接件的几何形状确定 h、a_K 及 l_A（参见图 4-5 和图 4-11）。同心加载下：$l_A = 0$。

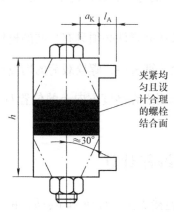

图 4-11 参数 h、a_K 及 l_A[5]

5. 确定载荷引入系数

载荷引入系数 n 可直接或通过线性插值法从表 4-1 中查得。注意：当 n 值很小时，连接可能离缝，从而导致简化计算方法的前提条件不复存在。

表 4-1　连接类型 SV1 ~ SV6 的载荷引入系数 n[5]

l_A/h	0.00				0.10				0.20				≥0.30			
a_K/h	0.00	0.10	0.30	≥0.50	0.00	0.10	0.30	≥0.50	0.00	0.10	0.30	≥0.50	0.00	0.10	0.30	≥0.50
SV1	0.70	0.55	0.30	0.13	0.52	0.41	0.22	0.10	0.34	0.28	0.16	0.07	0.16	0.14	0.12	0.04
SV2	0.57	0.46	0.30	0.13	0.44	0.36	0.21	0.10	0.30	0.25	0.16	0.07	0.16	0.14	0.12	0.04
SV3	0.44	0.37	0.26	0.12	0.35	0.30	0.20	0.09	0.26	0.23	0.15	0.07	0.16	0.14	0.12	0.04
SV4	0.42	0.34	0.25	0.12	0.33	0.27	0.16	0.08	0.23	0.19	0.12	0.06	0.14	0.13	0.11	0.03
SV5	0.30	0.26	0.20	0.11	0.24	0.21	0.15	0.07	0.19	0.17	0.11	0.06	0.14	0.13	0.11	0.03
SV6	0.15	0.14	0.14	0.07	0.13	0.12	0.10	0.06	0.11	0.11	0.09	0.06	0.10	0.10	0.08	0.03

对于类似于表 1-2 中图②、图③所示的梁式连接，可假设载荷系数为 0.4。梁式连接指连接体的高度不明显小于基体的高度，且其长度明显大于基体的宽度和高度的连接。并且载荷施加于变形体外部。

几点说明：

1）应用图 4-10 和表 4-1 确定载荷引入系数 n 值，体现了在连接的高度方向（螺栓轴线方向）上加载位置对附加螺栓载荷 F_{SA} 的影响。即力 F_A 的作用点对 F_{SA} 的影响。

2）应用图 4-10 和表 4-1 确定 n 值，在仅考虑单一参数变化而其他参数不变的情况下：①载荷引入点越靠近结合面（h_K 越小），则 n 值越小；②l_A 越大，则 n 值越小；③a_K 越大，则 n 值越小；④h 越小，则 n 值越小。另外，n 值的大小不受外载荷大小的影响。

3）应用上述方法要求被夹紧件必须具有相同的杨氏模量。

4）如前述，在机械设计算法中，螺栓载荷的增量计算式 $F_{SA} = \dfrac{c_1}{c_1 + c_2} F$ 没有涉及轴向工作载荷 F_A 的作用点在高度方向上的位置对螺栓连接受力和变形关系的影响。

4.3　载荷引入系数编程计算

由 4.2 节可知，根据连接类型、l_A/h 和 a_K/h，由表 4-1 可查得载荷引入系数 n。

现将螺栓连接（$w = 1$）类型为 SV1，$l_A = 0$ 的载荷引入系数 n 查取/计算子程序列出，供读者参考。该子程序依据表 4-1，应用线性插值法编制。

参考程序：对应于计算步骤 R3 中载荷引入系数 n 查取/计算的 MATLAB 子

程序。

```
% SZHYRXS    计算载荷引入系数 n（用于计算 SV1、lₐ=0.0、w=1 的情况）
clc
clear all
% 输入已知量
lk = 17;                    % 夹紧长度
dw = 22.49;                 % 螺栓头部支撑平面外径
DA = 29.45;                 % 被夹紧件结合面基体替代外径，VDI 中的 Dₐ
W = 1;                      % 螺栓 TBJ
ljlx = 1;                   % 输入连接类型 SV
lA = 0.0;                   % 输入基体与连接体中载荷引入点 K 之间的长度
h = lk;
% 根据连接类型确定采用子程序号
if ljlx = = 2
fprintf（'连接类型为 SV2'）
% 采用子程序 3-2 计算，此处略
else
if ljlx = = 3
fprintf（'连接类型为 SV3'）
% 采用子程序 3-3 计算，此处略
else
if ljlx = = 4
fprintf（'连接类型为 SV4'）
% 采用子程序 3-4 计算，此处略
else
if ljlx = = 5
fprintf（'连接类型为 SV5'）
% 采用子程序 3-5 计算，此处略
else
    if ljlx = = 6
fprintf（'连接类型为 SV6'）
% 采用子程序 3-5 计算，此处略
end
end
end
```

```
    end
end

fprintf ('连接类型为 SV1 ')
fprintf ('        ')
fprintf (' lA/h：')
lAh = lA/h
% 采用子程序 3-1-1 计算，如下
if lA > 0.0                    % 基体与连接体中载荷引入点 K 之间的长度 > 0
fprintf ('lA > 0 ')
% 采用子程序 3-1-2 计算，此处略
else                % lA = 0
% 应用分段插值求 nn
ak = (DA - dw)/2;          % 预加载区域边缘到基本体载荷引入点的距离 a_K
fprintf (' ak/h：')
akh = ak/lk;
akh = roundn (akh, - 4)

if ak/lk < 0.5              % a_K/夹紧长度，参考文献 [5] 的表 2 中 a_K/h
    if ak/lk < 0.1           % 载荷引入系数 n，按同心载荷计算分段插值（参
                                见参考文献 [5] 的表 2）
        xl = (0.55 - 0.70)/(0.10 - 0.00);             % 求插值直线斜率
        jj = 0.55 - xl * 0.10;                        % 求插值直线截距
        nn = xl * ak/lk + jj
    else
        if ak/lk < 0.3
            xl = (0.55 - 0.30)/(0.10 - 0.30);         % 求插值直线斜率
            jj = 0.55 - xl * 0.10;                    % 求插值直线截距
            nn = xl * ak/lk + jj;
        else
            xl = (0.13 - 0.30)/(0.50 - 0.30);         % 求插值直线斜率
            jj = 0.13 - xl * 0.50;                    % 求插值直线截距
            nn = xl * ak/lk + jj;
        end
    end
```

```
    else
        nn = 0. 13;
    end

    fprintf('载荷引入系数 无量纲')
    nn = roundn(nn, -4)
    end
```

运行结果：

连接类型为 SV1

lA/h：

lAh = 0

ak/h：

akh = 0. 2047

载荷引入系数 无量纲

nn = 0. 4191

本章小结

分析了轴向工作载荷 F_A 的方向和作用点对附加螺栓载荷 F_{SA} 的影响。探讨了载荷引入系数 n 的定义、基本原理、影响因素、对螺栓连接的受力和变形关系的影响以及 n 值的确定方法，并编制了相应的 MATLAB 查取/计算子程序。

第 5 章 载荷系数及附加螺栓载荷

载荷系数 $\varPhi$ 对附加螺栓载荷 F_{SA} 有重要影响。$\varPhi$ 和 F_{SA} 的计算表达式在不同的夹紧、加载状态下都不同。另外，F_{SA} 计算式成立的前提条件是螺栓连接不发生离缝。

人们注意到，符号 n 和 $\varPhi$ 均为"与载荷有关的系数"，也有资料将二者均称为"载荷系数"，因而给阅读带来不便。4.2 节中"单位工作载荷（$F_A = 1N$）所引起的螺栓头部的轴向位移 δ_{VA} 与被夹紧件柔度 δ_P 之比"称为"载荷引入系数 n"，它描述的是 F_A 作用点的位置对螺栓头部位移的影响；而本章中"附加螺栓载荷 F_{SA} 与轴向工作载荷 F_A 之比"称为"载荷系数 $\varPhi$"（也称为相对柔度系数），它描述的主要是相对柔度对 F_{SA} 的影响。另外，$\varPhi$ 还是 n 的函数，有 $\varPhi = f(n)$，即 $\varPhi$ 中包含了载荷引入点对 F_{SA} 的影响。

5.1 载荷系数的概念

追溯 VDI 算法中载荷系数的由来，人们可能会思考：在机械设计算法中有无与 $\varPhi$ 相对应的系数，起到与之相近的作用？由第 2 章的内容可知，答案是肯定的，但二者之间有很大差别：VDI 算法考虑了多种因素的影响，故而更加全面，更加接近实际。

5.1.1 机械设计算法中的螺栓相对刚度系数

由 2.1 节可知：螺栓连接承受轴向工作载荷 F_A 后，螺栓载荷的增量由式 (2-13) $F_{SA} = \dfrac{c_1}{c_1 + c_2} F_A$ 计算，故式中螺栓相对刚度系数 $\dfrac{c_1}{c_1 + c_2}$ 也可理解为螺栓载荷的增量 F_{SA} 与轴向工作载荷 F_A 之比，即 $\dfrac{c_1}{c_1 + c_2} = \dfrac{F_{SA}}{F_A}$，参见图 2-4。

5.1.2 VDI 算法中的载荷系数——相对柔度系数

如前所述，受轴向工作载荷 F_A 的螺栓连接，作为占有 F_A 一定比例的附加螺栓载荷 F_{SA}，可表达为函数式 $F_{SA} = f(F_A)$，故引入载荷系数（相对柔度系数）$\varPhi$[5]

$$\Phi = \frac{F_{SA}}{F_A} \tag{5-1}$$

式中　Φ——广义（含各类夹紧、加载状态）的载荷系数，无上下角标。

由 2.3 节及 5.1.1 节可知，VDI 算法中的载荷系数（相对柔度系数）Φ 与机械设计算法中的螺栓相对刚度系数 $\dfrac{c_1}{c_1 + c_2}$ 含义是相对应的。然如前所述，VDI 算法中的 Φ 除与相对柔度有关外，还与加载位置有关，即与载荷系数 n 有关，这一点在机械设计算法中是没有考虑的。

根据平衡条件（见图 5-1）[5]，有

$$F_A = F_{SA} + F_{PA} \tag{5-2}$$

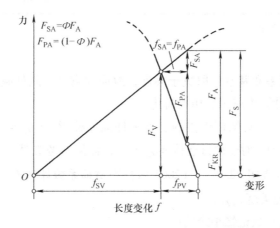

图 5-1　$n = 1$ 时同心加载螺栓连接受力—变形关系（不含预加载荷损失）

故附加被夹紧件载荷为

$$F_{PA} = F_A - F_{SA} = F_A - \Phi F_A = (1 - \Phi) F_A \tag{5-3}$$

螺栓的总载荷为

$$F_S = F_V + F_{SA} = F_V + \Phi F_A \tag{5-4}$$

5.2　不同夹紧状态和加载状态下的载荷系数

由 3.2.3 节可知，不同夹紧状态和加载状态下，被夹紧件的柔度 δ_P、δ_P^* 和 δ_P^{**} 是不相同的。而被夹紧件的柔度是影响载荷系数的重要参数，故其相对应的载荷系数[5]也不相同。现将不同状态下的载荷系数计算式汇总于表 5-1。

表 5-1　不同夹紧状态和加载状态下的载荷系数计算式

类型	加载	同心 $(a=0)$		偏心 $(a \neq 0)$	
	夹紧	同心 $(s_{sym}=0)$	偏心 $(s_{sym} \neq 0)$	同心 $(s_{sym}=0)$	偏心 $(s_{sym} \neq 0)$
由 F_A 加载	外载荷由螺栓头部下引入 $(n=1)$	$\Phi_K = \dfrac{\delta_P + \delta_{PZu}}{\delta_S + \delta_P}$	$\Phi_K^* = \dfrac{\delta_P + \delta_{PZu}}{\delta_S + \delta_P^*}$	$\Phi_{eK} = \Phi_K = \dfrac{\delta_P + \delta_{PZu}}{\delta_S + \delta_P}$	$\Phi_{eK}^* = \dfrac{\delta_P^{**} + \delta_{PZu}}{\delta_S + \delta_P^*}$
	外载荷由被夹紧件之中引入 $(n<1)$	$\Phi_n = n\Phi_K$ $= n\dfrac{\delta_P + \delta_{PZu}}{\delta_S + \delta_P}$	$\Phi_n^* = n\Phi_K^*$ $= n\dfrac{\delta_P + \delta_{PZu}}{\delta_S + \delta_P^*}$	$\Phi_{en} = \Phi_n = n\Phi_{eK}$ $= n\dfrac{\delta_P + \delta_{PZu}}{\delta_S + \delta_P}$	$\Phi_{en}^* = n\Phi_{eK}^*$ $= n\dfrac{\delta_P^{**} + \delta_{PZu}}{\delta_S + \delta_P^*}$

仅通过外部弯曲或工作力矩加载的特殊情况：$\Phi_m^* = n\dfrac{s_{sym}^2 l_K}{(\delta_S + \delta_P)E_P I_{Bers} + s_{sym}^2 l_K}$

注：各符号含义见附录。

几点说明：

1）由于载荷系数基本上取决于柔度，故应注意到：此处载荷系数的计算也用到了曾在柔度计算中应用的相关简化。

2）式中 δ_{PZu} 为针对螺钉连接的被夹紧件柔度补偿，$\delta_{PZu} = (w-1)\delta_M$，故对于螺栓连接 $\delta_{PZu} = 0$；对于螺钉连接 $\delta_{PZu} = \delta_M$，详见参考文献 [5] 5.3.1 节。同时我们注意到，在 VDI 2230 −1（2003 版）[13] 载荷系数计算式中，未提及螺钉连接被夹紧件的补充柔度 δ_{PZu}。

3）各类载荷系数记忆小窍门：

① 由轴向载荷 F_A 加载，符号 Φ_{en}^*：偏心夹紧上标 ∗，同心夹紧去掉 ∗；偏心加载下标 e，同心加载去掉 e；板（被夹紧件）中加载下标 n，头部加载 n 变 K。

② 由力矩 M_B 加载：力矩加载下标 m。

5.3　不同夹紧状态和加载状态下的附加螺栓载荷

讨论仅由 F_A 加载的情况（$M_B = 0$）：由式（5-1）可知

$$F_{SA} = \Phi F_A \tag{5-5}$$

将不同夹紧、加载状态下的载荷系数（参见表 5-1）代入式（5-5），即可求得各相应的附加螺栓载荷 F_{SA}[5]。为了查找应用方便，现将相关计算公式汇总列于表 5-2。

表5-2 不同夹紧状态和加载状态下的附加螺栓载荷计算公式

附加螺栓载荷计算通式: $F_{SA} = \Phi_{en}^* F_A + \Phi_m^* \dfrac{M_B}{s_{sym}}$

类型	加载	同心		偏心	
	夹紧	同心	偏心	同心	偏心
仅由 F_A 加载	外载荷由螺栓头部下引入 ($n=1$)	$F_{SA} = \Phi_K F_A$	$F_{SA} = \Phi_K^* F_A$	$F_{SA} = \Phi_{eK} F_A$	$F_{SA} = \Phi_{eK}^* F_A$
	外载荷由被夹紧件中间引入 ($n<1$)	$F_{SA} = \Phi_n F_A$	$F_{SA} = \Phi_n^* F_A$	$F_{SA} = \Phi_{en} F_A$	$F_{SA} = \Phi_{en}^* F_A$

仅通过外部弯曲（工作）力矩加载的特殊情况: $F_{SA} = \Phi_m^* \dfrac{M_B}{s_{sym}}$

注: 1. 上述各式成立条件: 螺栓连接的被夹紧件之间不发生离缝。

2. 式中各载荷系数计算式见表5-1。

3. 将表5-1中各载荷系数代入此表中仅由 F_A 加载的各对应 F_{SA} 计算式，并与表2-1对比，不难发现，对于螺栓连接，二者是一致的。对于螺钉连接，参考文献 [5] 的5.3节较之其3.2节的 F_{SA} 计算式，增加了被夹紧件的补充柔度 δ_{PZu}。为方便读者阅读，本书也采取了与之相一致的处理方法，在本章的 F_{SA} 计算式中增加了 δ_{PZu}。

4. 各符号含义见附录。

下面讨论仅由 F_A 加载的情况（$M_B = 0$）下，式（5-5）成立的条件。为了便于理解，先以 $n=1$，同心加载的螺栓连接（参见5.1.2节图5-1）为例。连接的预加载荷为 F_V，受轴向工作载荷 F_A 后，附加螺栓载荷为 F_{SA}，附加被夹紧件载荷为 F_{PA}，残余夹紧载荷为 F_{KR}。根据力的平衡条件及式（5-3），可得

$$F_{KR} = F_V - F_{PA} = F_V - (1 - \Phi) F_A \tag{5-6}$$

当残余夹紧载荷小于 0 时，被夹紧件完全离缝，式（5-5）所表达的 F_{SA} 对 F_A 的函数关系随之消失。由式（5-6）可知，残余夹紧载荷 $F_{KR} = 0$ 时，即 $F_V = F_{PA}$，$F_A = F_V/(1 - \Phi)$ 时，为离缝的临界状态。

在同心夹紧、同心加载的情况下，再考虑到载荷引入系数 n，同理可得导致连接完全离缝的极限轴向工作载荷（或称临界轴向工作载荷）F_{Aab}^Z

$$F_{Aab}^Z = \frac{1}{1 - \Phi_n} F_V \tag{5-7}$$

同理，可获得各种夹紧、加载状态下，螺栓连接不发生完全离缝的条件[5]，即式（5-5）成立的条件。为了便于查找使用，现将其计算公式汇总于表5-3。

表5-3　不同夹紧、加载状态下附加螺栓载荷计算公式（$F_{SA} = \Phi F_A$）成立的条件（$M_B = 0$）

载荷类型	夹紧类型	计算式	
同心加载	同心夹紧	$F_A < F_{Aab}^Z = \dfrac{1}{1 - \Phi_n} F_V = \dfrac{1}{1 - n\dfrac{\delta_P + \delta_{PZu}}{\delta_S + \delta_P}} F_V$	(5-8)
	偏心夹紧	$F_A < F_{Aab}^Z = \dfrac{1}{1 - \Phi_n^*} F_V = \dfrac{1}{1 - n\dfrac{\delta_P + \delta_{PZu}}{\delta_S + \delta_P^*}} F_V$	(5-9)
偏心加载	同心夹紧	$F_A < F_{Aab} = \dfrac{1}{1 - \Phi_{en}} F_M = \dfrac{1}{1 - n\dfrac{\delta_P + \delta_{PZu}}{\delta_S + \delta_P}} F_M$	(5-10)
	偏心夹紧	$F_A < F_{Aab} = \dfrac{1}{1 - \Phi_{en}^*} F_M = \dfrac{1}{1 - n\dfrac{\delta_P^{**} + \delta_{PZu}}{\delta_S + \delta_P^*}} F_M$	(5-11)

几点说明：

1）与机械设计算法相对比：由图 2-4 和式（2-10）$F_{KR} = F_V - \dfrac{c_2}{c_1 + c_2} F_A$ 可得，螺栓连接在承受轴向工作载荷 F_A 的情况下，不发生完全离缝的条件为：

$$F_A < \dfrac{1}{\dfrac{c_2}{c_1 + c_2}} F_V = \dfrac{1}{1 - \dfrac{c_1}{c_1 + c_2}} F_V \tag{5-12}$$

式（5-12）中螺栓相对刚度系数占据了 VDI 算法中载荷系数的位置，两者间对比已在 5.1 节讨论，此处不再赘述。

2）在实际载荷尚未达到计算所得的被夹紧件之间在结合面处"完全离缝"载荷值之前，可能已出现局部侧面离缝。究其原因，上述计算方法是以假设"结合面上压缩应力为常数"为基础的，而严格来说这种压缩应力为常数的分布是不存在的。实践表明，大多数情况下这个偏差对螺栓连接履行功能没有负面影响。

3）若考虑被夹紧件结合面的接触柔度、被夹紧件和其结合面区域柔度的差异等因素，计算可以得到很大的改善。对于静不定连接结构，力矩的零点位置以及与此相关的距离 a 的大小可按更有利的值进行校正，即：a 值变得更小。而各种接触柔度则会引发连接结构的提早离缝。若考虑这些影响，则计算量相当可观。

4）对刚性大或抗变形的连接，可将偏心负载近似地假设为同心负载，如对刚性梁式连接或圆板形连接。有些问题 VDI 算法也不能解决，需要依据各种可比较的设计或复杂的弹性力学计算来决定。

5.4　偏心加载情况下螺栓连接的单侧离缝

当螺栓连接的结合面边缘处的压应力降为零时，将出现被夹紧件间单侧离缝。由于不利的几何形状条件（如结合面过大或偏心度过大），甚至在预加载条件下也会出现这种情形。在工作载荷下，一旦偏心作用的载荷 F_A 和/或外部力矩 M_B 超过极限值（临界值）F_{Aab} 或 M_{Bab}（其值取决于预加载荷的大小及夹紧零件的柔度），就会发生离缝[5]。

若结合面的尺寸不超过极限值 G 或 G'，参见式（2-24）和式（2-25），在图 5-2 的尺寸关系和表 5-4 的符号规则基础上，可用以下方法进行计算：假设残余夹紧载荷引起的压缩应力平均分配在结合面上，工作载荷 F_A 引起的弯曲应力是线性变化的，则图 5-2 中 X 轴方向的结合面压力 $p(x)$ 为[5]

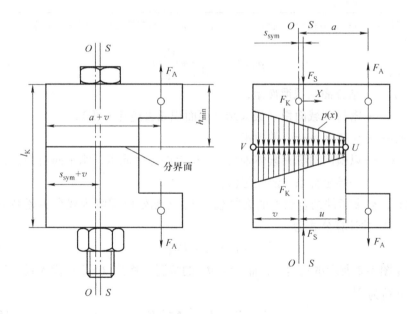

图 5-2　偏心夹紧、偏心加载的 BJ 结合面尺寸和表面压力[5]

注：U 为结合面开缝起始位置；u 为开缝点 U 与虚拟横向对称变形体轴线之间的距离；
V 为偏心加载连接完全离缝时边缘的支承位置；v 为边缘承载点 V 与虚拟横向
对称变形体轴线之间的距离。

表 5-4　符号规则[5]

加载情况/变化形式	拉伸工作载荷			压缩工作载荷		
	I	II	III	IV	V	VI
尺寸比例	a 和 s_{sym} 在 $O-O$ 处的位置			a 和 s_{sym} 在 $O-O$ 处的位置		
	在同侧		不同侧	在同侧		不同侧
	$a \geq s_{sym}$	$a < s_{sym}$		$a \geq s_{sym}$	$a < s_{sym}$	
符号　s_{sym}	+	+	−	+	+	−
u	+	−	+	−	−	−

说明	轴向工作载荷替代作用线的距离 a 总是正号。 点 U 总是位于结合面具有离缝风险一侧最外面的位置，因此点 V 位于另一侧最外面的位置。 距离 v 总是正号。

注：情况 V 和 VI 只在特殊情况下导致离缝。情况 IV 只是为了完整性说明，不会发生离缝。

$$p(x) = -\frac{F_K}{A_D} + \frac{M_{KI}}{I_{BT}}x \tag{5-13}$$

式中　I_{BT}——结合面区域惯性矩；

　　　A_D——密封区域面积（最大结合面面积减去通孔面积）；

　　　M_{KI}——夹紧区域产生的力矩；

　　　x——以横向对称夹紧体轴线 $O-O$ 上的点为原点，水平向右为正方向的一维坐标系下的坐标值。

此时，被夹紧件结合面上的夹紧载荷 F_K（此处可理解为残余夹紧载荷，参见图 2-10）的计算公式为

$$F_K = F_V - F_{PA} \tag{5-14}$$

对于图 5-2 所示的仅含 F_A 而不含 M_B 的情况，将式（5-3）代入式（5-14），则夹紧载荷为[5]

$$F_K = F_V - (1 - \Phi_{en}^*)F_A \tag{5-15}$$

图 5-2 中轴向工作载荷 F_A 和螺栓的总载荷 F_S 对 X 轴的坐标原点取矩，可做如下推导：

$$M_{KI} = F_A a - F_S s_{sym} = F_A a - (F_V + \Phi_{en}^* F_A)s_{sym} = F_A(a - \Phi_{en}^* s_{sym}) - F_V s_{sym}$$

故对于图 5-2 所示的仅含 F_A 而不含 M_B 情况，其夹紧区域产生的力矩为[5]

$$M_{KI} = F_A(a - \Phi_{en}^* s_{sym}) - F_V s_{sym} \tag{5-16}$$

式中　Φ_{en}^*——表 5-1 中定义的载荷系数。

图 5-2 的坐标原点位于虚拟横向对称变形体轴线 $O-O$ 上，X 轴的正方向按 a 始终取为正值的方向设置。相关尺寸的符号规则见表 5-4。工作载荷 F_A 指离结合面为正，M_B 逆时针旋转为正。

若与图 5-2 不同，螺栓连接除受轴向工作载荷 F_A 之外，还受工作力矩 M_B 时，则将式（2-17）代入式（5-14），有

$$F_K = F_V - F_{PA} = F_V - (F_A - F_{SA}) = F_V - (1 - \Phi_{en}^*)F_A + \frac{\Phi_m^*}{s_{sym}}M_B$$

故受 F_A 与 M_B 作用的夹紧载荷计算通式为

$$F_K = F_V - (1 - \Phi_{en}^*)F_A + \frac{\Phi_m^*}{s_{sym}}M_B \tag{5-17}$$

由式（2-17）得

$$F_S = F_V + F_{SA} = F_V + \Phi_{en}^* F_A + \Phi_m^* \frac{M_B}{s_{sym}} \tag{5-18}$$

此时，力 F_A 和力 F_S 对 X 轴的坐标原点取矩，加之力矩 M_B 的共同作用，可做如下推导：

$$\begin{aligned}
M_{KI} &= F_A a - F_S s_{sym} + M_B \\
&= F_A a - \left(F_V + \Phi_{en}^* F_A + \Phi_m^* \frac{M_B}{s_{sym}}\right)s_{sym} + M_B \\
&= F_A(a - \Phi_{en}^* s_{sym}) - F_V s_{sym} + M_B(1 - \Phi_m^*)
\end{aligned}$$

故对于既受力 F_A 又受力矩 M_B 的情况，其夹紧区域产生的力矩为[5]

$$M_{KI} = F_A(a - \Phi_{en}^* s_{sym}) - F_V s_{sym} + M_B(1 - \Phi_m^*) \tag{5-19}$$

式中　Φ_{en}^*、Φ_m^*——表 5-1 中定义的载荷系数。

显而易见，当 $M_B = 0$ 时，式（5-17）和式（5-19）即分别为式（5-15）和式（5-16）。

当被夹紧件之间的压力 $p \leqslant 0$ 时，发生单侧离缝。分析图 5-2 可知，p_{min} 发生在被夹紧件的结合面最右侧边缘（$x = u$）处，故将式（5-17）和式（5-19）代入式（5-13），并按 $p(x = u) = 0$，计算单侧离缝时的临界（极限）工作载荷 F_{Aab}/工作力矩 M_{Bab}。根据表 5-4 中 u、s_{sym}、a 和载荷 F_A、M_B 的符号规则，可做如下推导：

$$p(u) = -\frac{F_K}{A_D} + \frac{M_{K1}}{I_{BT}}u$$

$$= -\frac{F_V - (1 - \Phi_{en}^*)F_A + \dfrac{\Phi_m^*}{s_{sym}}M_B}{A_D} + \frac{F_A(a - \Phi_{en}^* s_{sym}) - F_V s_{sym} + M_B(1 - \Phi_m^*)}{I_{BT}}u$$

$$= -F_V\left(\frac{1}{A_D} + \frac{s_{sym}}{I_{BT}}u\right) + F_A\left(\frac{1 - \Phi_{en}^*}{A_D} + \frac{a - \Phi_{en}^* s_{sym}}{I_{BT}}u\right) - M_B\left(\frac{\dfrac{\Phi_m^*}{s_{sym}}}{A_D} - \frac{1 - \Phi_m^*}{I_{BT}}u\right)$$

$$= 0$$

由此得被夹紧件开始发生单侧离缝时（临界状态），预加载荷 F_V、轴向工作载荷 F_A、工作力矩 M_B 三者之间的关系式为

$$F_V\left(\frac{1}{A_D} + \frac{s_{sym}}{I_{BT}}u\right) - F_A\left(\frac{1 - \Phi_{en}^*}{A_D} + \frac{a - \Phi_{en}^* s_{sym}}{I_{BT}}u\right) + M_B\left(\frac{\dfrac{\Phi_m^*}{s_{sym}}}{A_D} - \frac{1 - \Phi_m^*}{I_{BT}}u\right) = 0$$

$$(5\text{-}20)$$

根据式（5-20），可分别推导出在被夹紧件不发生单侧离缝的情况下，螺栓连接能够承受的极限轴向工作载荷 F_{Aab} 的计算公式（5-21）和极限工作力矩 M_{Bab} 的计算公式（5-22）[5]。

另一方面，若要求螺栓连接能够承受轴向工作载荷 F_A 和工作力矩 M_B，而保证不发生单侧离缝，则所需的预加载荷 F_V 必须大于其单侧离缝的极限值 F_{Vab}，见式（5-23）；所需的残余夹紧力 F_K 必须大于其单侧离缝的极限值 F_{Kab}，见式（5-24）[5]。

为便于查找使用，现将偏心加载情况下不发生螺栓连接单侧离缝的各极限值计算公式汇总于表 5-5。

表 5-5　偏心加载情况下不发生螺栓连接单侧离缝的极限值

项目	螺栓连接不发生单侧离缝的极限值计算公式	
极限轴向工作载荷 F_{Aab}	$F_{Aab} = F_V\left[\dfrac{I_{BT} + A_D u s_{sym}}{I_{BT}(1 - \Phi_{en}^*) + A_D u(a - \Phi_{en}^* s_{sym})}\right]$ $+ M_B\left[\dfrac{\dfrac{\Phi_m^*}{s_{sym}}I_{BT} - A_D u(1 - \Phi_m^*)}{I_{BT}(1 - \Phi_{en}^*) + A_D u(a - \Phi_{en}^* s_{sym})}\right]$	(5-21)
极限工作力矩 M_{Bab}	$M_{Bab} = F_V\left[\dfrac{A_D u s_{sym} + I_{BT}}{A_D u(1 - \Phi_m^*) - I_{BT}\dfrac{\Phi_m^*}{s_{sym}}}\right] + F_A\left[\dfrac{I_{BT}(1 - \Phi_{en}^*) + A_D u(a - \Phi_{en}^* s_{sym})}{A_D u(\Phi_m^* - 1) + I_{BT}\dfrac{\Phi_m^*}{s_{sym}}}\right]$	(5-22)

（续）

项目	螺栓连接不发生单侧离缝的极限值计算公式	
承受 F_A 和 M_B 所需的极限预加载荷 F_{Vab}	$$F_{Vab} = F_A\left(\frac{I_{BT} + auA_D}{I_{BT} + s_{sym}uA_D} - \Phi_{en}^*\right) + M_B\left(\frac{uA_D}{I_{BT} + s_{sym}uA_D} - \frac{\Phi_m^*}{s_{sym}}\right)$$	(5-23)
承受 F_A 和 M_B 所需的极限残余夹紧载荷 F_{Kab}	$$F_{Kab} = F_A\frac{auA_D - s_{sym}uA_D}{I_{BT} + s_{sym}uA_D} + M_B\frac{uA_D}{I_{BT} + s_{sym}uA_D}$$	(5-24)

几点说明：

1）欲求纯轴向工作载荷（$F_A \neq 0$，$M_B = 0$）时的 F_{Aab}、F_{Vab}、F_{Kab}，或纯工作力矩载荷（$F_A = 0$，$M_B \neq 0$）时的 M_{Bab}、F_{Vab}、F_{Kab}，仅需要将相应的 F_A、M_B 值代入表 5-5 中各对应公式即可。

2）若结合面区域尺寸超过极限值 G 或 G'，则由于不可忽略结合面压力 $p(x)$ 的非线性特征，故上述关系不再成立。

3）在纯工作力矩载荷（$M_B \neq 0$；$F_A = 0$）的特殊情况下，通常假设螺栓布置于横向夹紧体的（假设）对称轴的右侧。因此，s_{sym} 始终为正。

4）对于紧螺栓连接，5.3 节讨论的被夹紧件之间发生完全离缝，则螺栓连接失效；而对于本节讨论的被夹紧件结合面的单侧离缝，在螺栓连接的正常使用中，也是应该避免的。但我们注意到，在 VDI 2230 − 1[5] 的 5.3.3 节中提到，在利用承载能力储备范围内的轻微单侧离缝的情况下，附加螺栓载荷已不满足上述 $F_{SA} = f(F_A)$ 的关系式，而可以根据标准附录 D 中的近似方法求得。由于此类情况已偏离设计目标，故此处不做讨论。

5）在 4.2 节中提到的，载荷引入位置及相应的载荷引入系数 n，对螺栓连接的 Φ、F_{SA}、F_{PA}，结合面完全离缝和单侧离缝的条件等的影响，在本章中的相关公式中均已得到体现。

6）表 5-5 中的式（5-24），将用于 6.2.1 节中离缝极限时最小夹紧载荷 F_{KA} 值的计算。

5.5　载荷系数编程计算

在 VDI 算法中，R3、R5、R8、R9（偏心加载和/或偏心夹紧情况下）、R10、R12 等多项计算均涉及载荷系数 Φ。

分析表 5-1 可知，"外载荷由螺栓头部下引入"时的载荷系数计算，只需将

$n = 1$ 代入，即可用同类夹紧、加载状态下"外载荷由被夹紧件中引入"时的载荷系数计算公式计算；另外，在同心夹紧的情况下，同心加载和偏心加载的载荷系数计算公式相同。利用这两点可使计算程序得到简化。

现将由 F_A 加载的载荷系数 Φ 计算子程序列出，供读者参考。

参考程序：对应于计算步骤 R3 中由 F_A 加载的载荷系数 Φ 计算的 MATLAB 子程序。

```
% SZHXS    载荷系数 Φ 计算（适用于由 FA 加载的各类情况）
% 螺栓连接中载荷系数 Φ（通用，程序中用 xx 表示）的计算
clc
clear all
% 输入已知量
W = 1;                % 螺栓 TBJ
ap = 3. 1166e – 07;
as = 1. 0572e – 06;
nn = 0. 4191;
d = 16;
Em = 206000;
AN = pi * d * d/4;    % 公称直径的横截面积
TXJJ = 1;
TXJZ = 1;


% 计算部分参数
lM = 0. 4 * d;        % 螺母或旋合内螺纹变形替代延伸长度
aM = lM/( Em * AN);
apzu = ( W – 1) * aM;


% 根据夹紧及载荷情况采用不同计算公式
if TXJJ = = 0;        % 偏心夹紧
    fprintf('偏心夹紧')
    apx = input('请输入偏心夹紧时被夹紧件的柔度 δp* 的数值')
    if TXJZ = = 0;    % 偏心加载
        fprintf('偏心加载')
        apxx = input('请输入偏心夹紧、偏心加载时被夹紧件的柔度δp** 的数值')

        xenx = nn * ( apxx + apzu)/( as + apx) ;
```

```
        fprintf('偏心夹紧、偏心加载时载荷系数 Φen * 值无量纲')
        xenx = roundn(xenx, -4)
        xx = xenx;
    else
    xnx = nn * (ap + apzu)/(as + apx);
        fprintf('偏心夹紧、同心加载时载荷系数 Φn * 值无量纲')
        xnx = roundn(xnx, -4)
        xx = xnx;
    end
else
    if TXJZ = =0;  % 偏心加载
        xen = nn * (ap + apzu)/(as + ap);
        fprintf('同心夹紧、偏心加载时载荷系数 Φen 值无量纲')
        xen = roundn(xen, -4)
        xx = xen;
    else
        xn = nn * (ap + apzu)/(as + ap);   % 同心夹紧、同心载荷下的载
                                            荷系数 Φn 值无量纲
        fprintf('同心夹紧、同心加载时载荷系数 Φn 值无量纲')
        xn = roundn(xn, -4)
        xx = xn;
    end
end
```

运行结果：

同心夹紧、同心加载时载荷系数 Φ_n 值无量纲

xn = 0.0954

本章小结

分析对比了机械设计算法中的螺栓相对刚度系数与 VDI 算法中的载荷系数之间的关系。重点讨论了 VDI 算法在各类夹紧、加载状态下，Φ 和 F_{SA} 的分析计算；F_{SA} 计算公式成立的条件；螺栓连接的被夹紧件完全离缝、单侧离缝的概念及对应条件等。编制了根据 VDI 算法，由 F_A 加载时计算载荷系数 Φ 的 MATLAB 子程序。

第6章 预加载荷

紧螺栓连接在装配时必须拧紧，以使连接在承受工作载荷之前，预先受到力的作用，此拧紧力即预加载荷。预紧的目的是增强连接的刚性，保证连接的可靠性和紧密性，以防止受载后被夹紧件间出现缝隙或发生相对滑移。

6.1 机械设计算法中预加载荷的分析计算

为方便对照理解 VDI 算法中的分析计算，此处按 VDI 算法的思路及顺序进行讨论。

1. 最小夹紧载荷

在机械设计算法中，没有专门定义"最小夹紧载荷 F_{Kerf}"，与 VDI 算法中 F_{Kerf} 相对应的是残余预加载荷 F_{KR}。事实上，两者之间的关系为 $F_{KR} \geqslant F_{Kerf}$，参见图 2-10。

"F_{KR} 参考取值"参见 2.1 节，现参照 VDI 算法中所需要满足的三个因素进行讨论：

1) 对于需要靠结合面的摩擦传递外载荷的紧螺栓连接，为保证足够的摩擦力，需要被夹紧件之间存在足够的正压力——残余预加载荷。

针对单个螺栓所受的横向载荷 F_{hc}（见 2.1 节），有

$$F_{KR} \geqslant \frac{K_f F_{hc}}{\mu_T q_F} \tag{6-1}$$

2) 对介质的密封或结合面间保持一定压应力的要求，F_{KR} 的选择参见 2.1 节。

3) 由式（2-10）可得防止被夹紧件之间发生完全离缝的条件为

$$F_{KR} = F_V - \frac{c_2}{c_1 + c_2} F_A = F_S - F_A > 0 \tag{6-2}$$

机械设计算法中所指的"不发生单侧离缝"是针对螺栓组的，其条件为 $p_{QL\,min} > 0$。欲推导防止被夹紧件之间发生单侧离缝，残余预加载荷 F_{KR} 需满足的条件，则应根据螺栓组布局、载荷的类型及分布等具体情况进行计算。

综上所述，最小残余预加载荷 $F_{KR\,min}$ 的确定必须综合考虑上述三个条件，以保证螺栓连接能够正常使用。

2. 预加载荷的变化

VDI 算法中提到的"接触表面嵌入、材料松弛、温度变化等因素对预加载荷变化的影响",在机械设计算法中没有分类详细论述。

3. 装配预加载荷和拧紧力矩

装配预加载荷的施加,是通过拧紧螺母的拧紧力矩来实现的。拧紧螺母时,需要克服螺纹副的螺纹力矩 M_G [由式(2-1)求得]和螺母支承区域摩擦力矩 M_K[1],因此拧紧力矩 $M_V = M_G + M_K$,如图 6-1a 所示。螺栓所受的螺纹力矩 M_G 与螺栓头部的承压面力矩 M_M 和夹持力矩 M_J 相平衡,即 $M_G = M_M + M_J$,如图 6-1b 所示。螺栓的转矩图如图 6-1c 所示。在螺纹力矩的影响下,螺纹副间有圆周力 F_t 的作用,螺栓受到预紧拉力 F_V,而被夹紧件则受到预紧压力 F_V,如图 6-1d 所示。

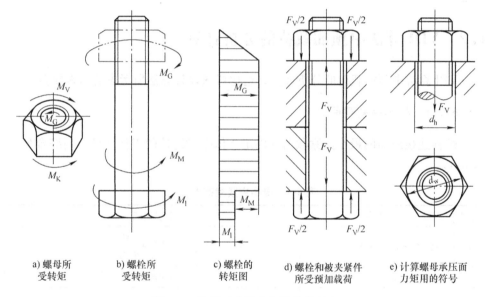

a) 螺母所受转矩　b) 螺栓所受转矩　c) 螺栓的转矩图　d) 螺栓和被夹紧件所受预加载荷　e) 计算螺母承压面力矩用的符号

图 6-1　拧紧时连接中各零件的受力

由机械原理[8]和参考文献 [1] 可知

$$M_K = \mu_K F_V \frac{1}{3} \frac{d_W^3 - d_h^3}{d_W^2 - d_h^2} \tag{6-3}$$

式中　μ_K——螺母与被夹紧件承压面间摩擦系数。

故拧紧力矩为

$$M_V = M_G + M_K = \frac{1}{2} \left[\frac{d_2}{d} \tan(\varphi + \rho') + \frac{2\mu_K}{3d} \frac{d_W^3 - d_h^3}{d_W^2 - d_h^2} \right] F_V d = k_t F_V d \tag{6-4}$$

式中　k_t——拧紧力矩系数,其值与螺纹和承压面尺寸以及相应的摩擦系数有关。

将不同螺栓直径（d）时所对应的 d_2、d_h、d_W、φ 值代入式（6-4），并取 $\mu_K = 0.15$，$\rho' = \arctan 0.15$，平均可得 $k_t \approx 0.2^{[1,2,7]}$。由此可得拧紧力矩的近似计算公式为

$$M_V = k_t F_V d \approx 0.2 F_V d \tag{6-5}$$

预加载荷可借助测力矩扳手或定力矩扳手等进行控制。详见参考文献［1 – 5］。

4. 液压无摩擦和无扭矩拧紧

此为 2015 版的 VDI 2230 –1[5] 中新增的 5.4.4 节的内容（2003 版[13]无此内容），在以往机械设计教材中一般少有详细论述。

5. 装配预加载荷

机械设计算法中装配预加载荷 F_V 的确定，参见 1.1 节和 2.1 节，此处不再赘述。

6.2 VDI 算法中预加载荷的分析计算

VDI 算法中预加载荷的分析计算，远比机械设计算法所考虑的因素要多。

6.2.1 最小夹紧载荷

螺栓连接所需的最小夹紧载荷的确定，依据对连接的工作要求。现综合列于表 6-1。

表 6-1 最小夹紧载荷 F_{Kerf}

序号	条件	计算公式
1	能承受 F_Q 和/或 M_Y	$F_{KQ} = \dfrac{F_{Q\,max}}{q_F \mu_{T\,min}} + \dfrac{M_{Y\,max}}{q_M r_a \mu_{T\,min}}$
2	确保密封功能	$F_{KP} = A_D p_{i,max}$
3	防止被夹紧件之间离缝	$F_{KA} = F_{Kab} = F_A \dfrac{au A_D - s_{sym} u A_D}{I_{BT} + s_{sym} u A_D} + M_B \dfrac{u A_D}{I_{BT} + s_{sym} u A_D}$
	综合满足上述三条	$F_{Kerf} \geq \max\,(F_{KQ};\ F_{KP} + F_{KA})$

注：F_{KQ} 为通过摩擦力传递横向载荷和/或扭矩的最小夹紧载荷；M_Y 为绕螺栓轴线的扭矩；q_M 为依靠摩擦传递扭矩的界面数量；r_a 为 M_Y 作用时，被夹紧件的摩擦半径；F_{KP} 为确保密封功能的最小夹紧载荷；A_D 为密封区域面积（最大结合面面积减去螺栓通孔面积）；$p_{i,max}$ 为被密封的最大内部压力；p 为介质内部压力；F_{KA} 为离缝极限时的最小夹紧载荷。

几点说明：

1）对于条件 1——能承受横向载荷和/或扭矩，两种算法的思路基本一致。机械设计算法[1]中的结合面摩擦系数的取值：对于钢铁零件，当结合面干燥时，

$\mu_T = 0.10 \sim 0.16$；当结合面沾有油时，$\mu_T = 0.06 \sim 0.10$；另外，考虑摩擦传力的可靠系数 $K_f = 1.1 \sim 1.5$。VDI 算法中，结合面静摩擦系数 μ_T 的确定较为细致，见参考文献［5］表 A6。

2）对于条件 2——确保密封功能。机械设计算法给出的是参考范围，VDI 算法则较为具体，表明了 F_{KP} 为密封面积 A_D 与介质最大内部压力 $p_{i,max}$ 的乘积。

3）对于条件 3——防止被夹紧件之间离缝。机械设计算法给出了不发生完全离缝时单个螺栓的残余预加载荷 F_{KR} 的条件；不发生单侧离缝时，与整个螺栓组的外载荷、螺栓分布有关的相应条件（如表 1-1 螺栓组承受翻转力矩时的第 3 项）。而 VDI 算法的依据是参考文献［5］5.3 节中考虑了诸多因素，经过一系列分析推导得出的临界量 F_{Kab}（详见 5.4 节及参考文献［5］5.3 节）。

4）从整体看，两种算法所考虑的三项因素基本相同。但机械设计算法的出发点，考虑的是处于螺栓组中的单个螺栓情况，故往往需对整个螺栓组受力进行分析，根据具体情况找出危险螺栓计算（例如单侧离缝计算等）。对于承受不同外载荷的螺栓组，有可能对三个条件要求的侧重不同，具体计算也不相同。而 VDI 算法的出发点是针对已从整个螺栓系统（螺栓组）中分离提取出来的单个螺栓进行分析计算，故公式中各力、力矩参数均为针对已分离出来的单个螺栓的，只需对该螺栓应用表 6-1 中的 F_{Kerf} 计算式即可。

6.2.2 预加载荷的变化

螺栓的预加载荷 F_V 可能由于以下原因而相对装配预加载荷 F_M 发生变化[5]，参见表 6-2。

表 6-2 导致预加载荷变化的原因及相关分析

序号	原因	影响因素	预加载荷变化的定性分析或定量分析
1	周边区域中其他螺栓的拧紧	周边区域螺栓的分布及其拧紧状况	—
2	接触表面的嵌入（局部塑性变形）	工作载荷类型；结合面数；配对表面粗糙度；螺栓连接件的材料等	嵌入导致的预加载荷损失 $F_Z = \dfrac{f_Z}{\delta_S + \delta_P}$ 式中 f_Z——由嵌入导致的塑性变形，嵌入量。钢制无涂层材料的 f_Z 取值可参考表 6-3，此表适用于表面压力不大于参考文献［5］中表 A9 给出的限制值
3	旋转自松动	—	—
4	材料的松弛（蠕变）	材料性能；时间；温度；载荷等	与材料的热稳定性和强度特性相关；随时间增加；随温度升高而增加；随应力增大而蠕变速率增大

(续)

序号	原因	影响因素	预加载荷变化的定性分析或定量分析
5	温度变化	杨氏模量随温度的变化；螺栓和夹紧件热膨胀系数不同	忽略杨氏模量的变化的简化计算式 $$\Delta F'_{Vth} = \frac{l_K(\alpha_S \Delta T_S - \alpha_P \Delta T_P)}{\delta_S \frac{E_{SRT}}{E_{ST}} + \delta_P \frac{E_{PRT}}{E_{PT}}}$$ 式中 $\Delta F'_{Vth}$——近似附加热载荷 α_S——螺栓线性热膨胀系数 ΔT_S——螺栓温差 α_P——被夹紧件线性热膨胀系数 ΔT_P——被夹紧件温差 E_{SRT}——螺栓材料在室温下的杨氏模量 E_{ST}——螺栓材料在不同于室温温度下的杨氏模量 E_{PRT}——被夹紧件在室温下的杨氏模量 E_{PT}——被夹紧件在不同于室温温度下的杨氏模量
6	连接过载	—	—

注：更加详尽的论述见参考文献［5］5.4.2 节。

在无相应的试验确定值可用的情况下，可参照表 6-3 给出的指导值估计连接的嵌入量（此表仅适用于表面平滑、保持接触面压力，且表面压力不大于参考文献［5］中表 A9 给出的限制值的情况）。注意，在其他条件相同的情况下，铝材的嵌入量大于钢材的嵌入量。

表 6-3　钢制无涂层螺栓、螺母及紧密被夹紧件嵌入量 f_Z 的指导值[5]

根据 ISO 4287 的平均粗糙度高度 Rz/μm	负荷	嵌入量 f_Z 的指导值/μm		
		螺纹中	每个螺栓头或螺母支承面	每个内部结合面
<10	拉力/压力	3	2.5	1.5
	推力	3	3	2
10 ~ <40	拉力/压力	3	3	2
	推力	3	4.5	2.5
40 ~ <160	拉力/压力	3	4	3
	推力	3	6.5	3.5

6.2.3　装配预加载荷和拧紧扭矩

装配预加载荷 F_M 的获得方法：转动法，牵引法。

1. 转动法——拧紧扭矩和装配预加载荷

采用通常的拧紧方法,其装配预加载荷 F_M 并非直接测量获得,而是根据 F_M 为拧紧力矩、弹性线性变形、转动角度等的函数,或通过判定螺栓开始屈服来间接测量的。

(1)装配预加载荷 F_M 与所需拧紧力矩 M_A 之间的关系 用于产生预加载荷所需的总拧紧力矩 M_A 由螺纹力矩 M_G、头部或螺母支承区域摩擦力矩 M_K 组成[5]

$$M_A = M_G + M_K \tag{6-6}$$

与机械设计算法中式(2-1)和式(6-3)相对应,VDI 算法有式(6-7)和式(6-8):

$$M_G = F_M \frac{d_2}{2} \tan(\varphi + \rho') \tag{6-7}$$

$$M_K = F_M \frac{D_{Km}}{2} \mu_K \tag{6-8}$$

式中 D_{Km}——螺栓头或螺母支承区域摩擦力矩的有效直径,由式(6-9)求得。

$$D_{Km} = \frac{(d_W + D_{Ki})}{2} \tag{6-9}$$

式中 D_{Ki}——螺栓头或螺母支承区域平面内径,由式(6-10)求得。

$$D_{Ki} = \max(D_a, d_{ha}, d_h, d_a) \tag{6-10}$$

式中 D_a——螺母支承区域平面内径(倒角直径);

d_{ha}——被夹紧件靠螺栓头部侧支承平面内径(被夹紧件倒角直径);

d_a——螺栓头部支承平面内径(位于螺栓杆过渡圆弧的入口)。

为求得装配拧紧力矩 M_A 与装配预加载荷 F_M 之间的关系式,将相关公式进行必要的简化。根据式(2-2)和式(2-3),及对牙型角 $\alpha = 60°$ 的三角螺纹,其当量摩擦系数为 $\mu'_G = \tan\rho' = \mu_G/\cos (\alpha/2) = 1.155\mu_G$,简化公式为

$$\tan(\varphi + \rho') \approx \tan\varphi + \tan\rho' = P/(\pi d_2) + 1.155\mu_G \tag{6-11}$$

代入式(6-7),得

$$M_G = F_M(0.16P + 0.58 d_2 \mu_G) \tag{6-12}$$

将式(6-8)和式(6-12)代入式(6-6),得 M_A 与 F_M 之间的关系[5]

$$M_A = F_M \left(0.16P + 0.58 d_2 \mu_G + \frac{D_{Km}}{2} \mu_K \right) \tag{6-13}$$

对于满足一定条件的螺栓,可根据螺栓规格、强度等级、螺纹的摩擦系数 μ_G 和螺杆头部支承区域的摩擦系数 μ_K,直接由 VDI 2230 – 1[5] 的表 A1 ~ 表 A4 查得 M_A 与 F_M 之间的对应值。

几点说明：

1）当采用防止旋转松动（如自锁螺母）或防止松弛（如锯齿状支承面螺栓）的措施时，螺纹和/或头部摩擦力矩可能增加。必要时，应考虑过度拧紧力矩 $M_{\ddot{u}}$（高预载连接情况下可忽略）或附加螺栓头部力矩 M_{KZu}，此时的拧紧力矩为[5]

$$M_{A,S} = M_G + M_K + M_{\ddot{u}} + M_{KZu} \qquad (6\text{-}14)$$

2）对比机械设计算法中的式（6-5）与 VDI 算法中的式（6-13），两者均表达拧紧力矩与装配预加载荷之间的函数关系。应该注意到，由于机械设计算法中不考虑预加载荷的变化，即 $F_M = F_V$，式（6-5）表达的是"预加载荷达到 F_V 时的拧紧力矩"，故以符号 M_V 表示；而考虑了预加载荷的变化的 VDI 算法中，式（6-13）表达的是"装配预加载荷达到 F_M 时的拧紧力矩"，故以符号 M_A 表示。两种方法各自所表示的拧紧力与其所需力矩之间的函数关系应该是一致的。

然而，当对比式（6-5）与式（6-13）时，发现差别竟如此之大。为了便于分析对比，现以 9.2 节的算例为例，代入数值进行计算，其相关符号、公式及计算结果见表6-4。

表 6-4　两种算法拧紧力矩与装配预加载荷之间的关系比较（参数取自 9.2 节算例）

项目	机械设计算法符号及计算式	VDI 算法符号及计算式
拧紧力矩	M_V	M_A
装配预加载荷	F_V	F_M
原始计算公式	$M_V = \dfrac{1}{2}\left[\dfrac{d_2}{d}\tan(\varphi+\rho') + \dfrac{2\mu_K}{3d}\dfrac{d_W^3-d_h^3}{d_W^2-d_h^2}\right]F_V d$	$M_A = F_M\dfrac{d_2}{2}\tan(\varphi+\rho') + F_M\dfrac{D_{Km}}{2}\mu_K$
简化式	$M_V \approx F_V(0.2d)$	$M_A = F_M\left(0.16P + 0.58d_2\mu_G + \dfrac{D_{Km}}{2}\mu_K\right)$
代值入简化式	$M_V \approx F_V(0.2 \times 16)$	$M_A = F_M\left(0.16\times2 + 0.58\times14.7\times0.12 + \dfrac{20.10}{2}\times0.12\right)$
拧紧力矩与装配预加载荷之间的关系	$M_V \approx f(F_V) = 3.2F_V$ $M_V \approx 0.2dF_V$	$M_A = f(F_M) = 2.55F_M$ $M_A = 0.15932dF_M$

究其原因可知，机械设计算法的式（6-5）为近似计算，其来源为式（6-4）。参考文献［2］中介绍：对于 M10 ~ M64 粗牙普通螺纹的钢制螺栓，$\varphi = 1°42' \sim 3°2'$；$d_2 \approx 0.9d$；$\rho' \approx \arctan 1.155\mu_G$（无润滑时，$\mu_G \approx 0.1 \sim 0.2$）；$d_h \approx 1.1d$；$d_W \approx 1.5d$；$\mu_K = 0.15$；将各近似值代入式（6-4）而获得简化的式（6-5）

$M_V \approx F_V(0.2d)$。而 VDI 算法由原始计算公式——式（6-6）~式(6-8)简化至式（6-13），除应用了简化的式（6-11）$\tan(\varphi+\rho') \approx P/(\pi d_2)+1.155\mu_G$ 外，其他未做过多的简化。例如：摩擦系数 μ_G 和 μ_K，须根据材料/表面状态、润滑等具体情况查参考文献［5］表 A5 获得，而且从该表中可以看出，不同情况下摩擦系数的取值范围为 0.04 ~ 0.3。由此可见，式（6-5）可用于初估 M_V 与 F_V 之间的关系；精确的计算采用式（6-13）为好。

应该注意到，介绍机械设计算法的参考文献［4］中也提出：根据摩擦表面的不同状态，拧紧力矩系数 k_t 可在 0.1 ~ 0.3 范围内变动。

（2）装配预加载荷 F_M 的数值离散 螺栓连接的装配预加载荷受下述因素影响：相互运动的接触面（螺纹、支承区域）间的摩擦系数、连接元件（螺栓、螺母、夹紧件）的几何形状、连接件的强度、拧紧方法、拧紧工具等。

估计摩擦系数时出现偏差，摩擦系数的数值离散，不同拧紧方法，以及仪器、操作和读数误差等，都或多或少地导致装配预加载荷值的分布具有明显的离散性。考虑到装配预加载荷可分布于 $F_{M\,min}$ 和 $F_{M\,max}$ 之间，故有拧紧系数 α_A[5]

$$\alpha_A = F_{M\,max}/F_{M\,min} \tag{6-15}$$

在所需的最小装配预加载荷 $F_{M\,min}$ 相同的情况下，对两种不同的分别含有拧紧系数 α_{A1} 和 α_{A2} 的拧紧方法，有

$$F_{M\,min} = \frac{F_{M\,max1}}{\alpha_{A1}} = \frac{F_{M\,max2}}{\alpha_{A2}} \tag{6-16}$$

显然，$F_{M\,max} = \sigma_{M\,max}A_S$，为充分利用连接元件的潜力，最大装配预紧应力 $\sigma_{M\,max}$ 应取为常数。应力横截面积 A_S 为

$$A_S = \frac{\pi}{4}d_S^2 = \frac{\pi}{4}\left(\frac{d_3+d_2}{2}\right)^2 \tag{6-17}$$

式中 d_S——螺栓应力横截面积直径。

若以 d_0 表示螺栓的相当最小横截面直径，则由式（6-16）和式（6-17）可知，选用分别含有 α_{A1} 和 α_{A2} 的两种不同拧紧方法，所需的螺栓尺寸之间的关系为式（6-18）和式（6-19）

$$\frac{\alpha_{A1}}{\alpha_{A2}} = \frac{F_{M\,max1}}{F_{M\,max2}} = \frac{\sigma_{M\,max}A_{S1}}{\sigma_{M\,max}A_{S2}} = \frac{A_{S1}}{A_{S2}} = \frac{d_{S1}^2}{d_{S2}^2} \approx \frac{d_{01}^2}{d_{02}^2} \tag{6-18}$$

即

$$\frac{d_{01}}{d_{02}} \approx \sqrt{\frac{\alpha_{A1}}{\alpha_{A2}}} \tag{6-19}$$

由此可知，拧紧系数 α_A 反映了装配预加载荷的不确定性（故 α_A 又称装配不确定系数）。装配预加载荷值的分布越分散，α_A 值越大，越不利，所需的螺栓尺寸越大。由于拧紧方法对所需螺栓规格的影响显著，故必须谨慎地选择和应用拧紧方法。分析参考文献［5］中的图 27 紧固方法对装配预加载荷数值离散的影

响，图 28 拧紧系数 α_A 与装配预加载荷的数值离散之间的关系，表 A8 不同拧紧方法下拧紧系数 α_A 的指导值，可为选取紧固方法提供参考。当然，须同时兼顾操作方便、拧紧工具经济适用等实际情况。

2. 三种重要的拧紧方法

下面仅讨论三种最重要的拧紧方法：扭矩控制拧紧、转角控制拧紧和屈服控制拧紧，见表 6-5。而长度控制拧紧和热拧紧不在此讨论之列。拧紧扭矩必须高于被夹紧件全表面接触时的临界扭矩，此临界扭矩常被选择作为描述螺栓连接操作的参考点。

表 6-5 三种最重要的拧紧方法[5]、[14]、[15]

序号	名称	控制方法及特点	示意图
1	扭矩控制拧紧	可通过指示或信号扭矩扳手，或电动螺栓安装转轴进行扭矩控制拧紧。除受控变量"扭矩"外，为了监控拧紧操作，通常还测量来自临界扭矩的转角。本方法拧紧工具简单，成本低，目标直观、测量容易、操作方法易于实现，对装配人员技术水平要求不高，应用广泛。但离散程度较大，精度较低，一般用于要求不高的场合	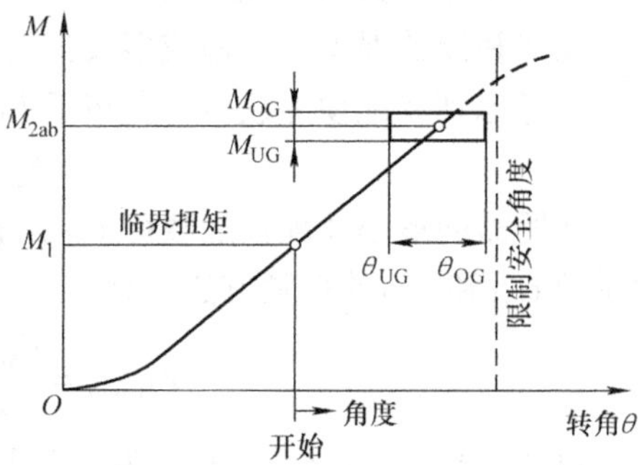 有角度监控的扭矩控制拧紧(示意图)
2	转角控制拧紧	一般需要通过"扭矩－夹紧力"试验获得相关数据。通过轴向力测量装置、扭矩传感器及角度编码器，测定螺纹连接系统拧紧过程时转角、扭矩、夹紧力三者的关系曲线，进而精确确认转角与轴向力的关系。该方法仅可用于具有足够变形能力的螺栓。此法与扭矩控制法相比，操作相对复杂，增加了对操作者技能的要求和操作强度。但由于转角控制拧紧法能获得较高的精度，故在较为重要的场合（预加载荷要求较为严格时）常用	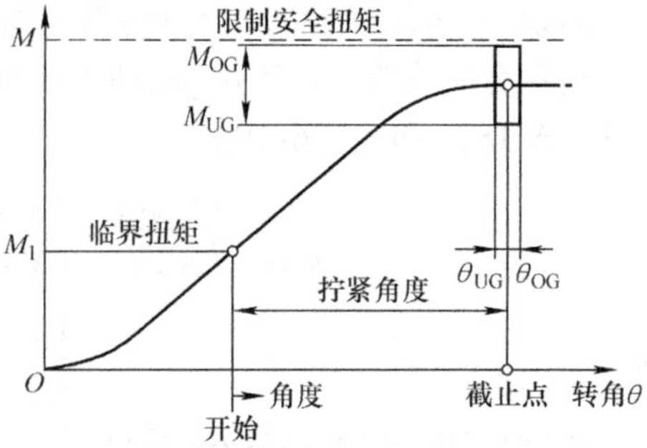 有扭矩监控的转角控制拧紧(示意图)

（续）

序号	名称	控制方法及特点	示意图
3	屈服控制拧紧	螺栓的屈服强度为装配预加载荷的受控变量。拧紧螺栓，直到螺栓的相当应力近似达到螺栓的屈服强度或规定塑性延伸率为 0.2% 的应力 $R_{p0.2}$（名义屈服强度），即 $\sigma_{red} \approx R_{p0.2}$。连接首先需用紧固扭矩预紧。通过拧紧期间测量扭矩 M 和转角 θ，并通过确定其差商 $\Delta M / \Delta \theta$ 确认螺栓的屈服强度。一旦发生塑性变形，差商即下降。降至扭矩/转角曲线的线性部分中预先确定最大值的某一比例则触发截止信号。由于在很多产品上，其操作方法都很难实现，所以只有在特定的场合下才会使用，应用较少 扭矩控制与屈服控制拧紧比较： 在螺纹摩擦系数为 $\mu_G = (0.10 \sim 0.14)$ 且其数值离散程度相同的情况下，由于屈服控制拧紧的总应力 σ_{red} 恒定，故较之扭矩控制拧紧方法，由 μ_G 的数值离散所引起的装配预加载荷的数值离散程度更小；另外，屈服控制的装配预加载荷总是大于扭矩控制拧紧的装配预加载荷	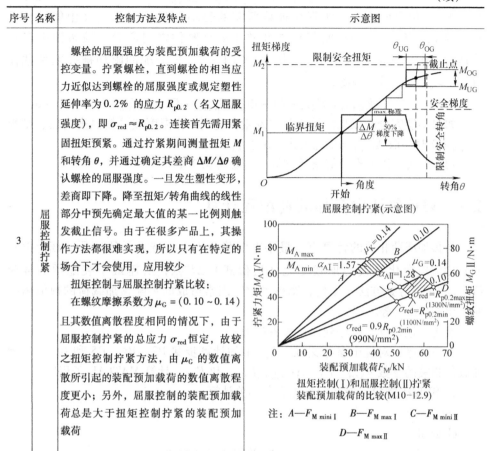 屈服控制拧紧(示意图) 扭矩控制(Ⅰ)和屈服控制(Ⅱ)拧紧装配预加载荷的比较(M10-12.9) 注：A—$F_{M\,min\,I}$　　B—$F_{M\,max\,I}$　　C—$F_{M\,min\,II}$ 　　　　D—$F_{M\,max\,II}$

6.2.4 液压无摩擦和无扭矩拧紧

液压拧紧是依靠液压拉伸器，利用液压把螺杆按紧度要求拉伸，在这种情况下拧上螺母，然后撤除液压，使螺杆形成预拉力，致使连接产生无摩擦且因此无扭矩的装配预加载荷 F_M。故此方法无 M_G，也无 M_K，是一种牵引拉伸拧紧方法[5,16]。正是因为此方法不受摩擦的影响，装配预加载荷值的分布具有较小的离散性。

本节为 2015 版 VDI 2230 – 1 的新增小节，详见参考文献 [5]。

6.2.5 最小装配预加载荷

最小装配预加载荷 $F_{M\,min}$[5] 应在保证连接正常工作所需的最小预加载荷 $F_{V\,min}$ 的基础上，再加上预加载荷的变化部分（$F_Z + \Delta F_{Vth}$），即

$$F_{\text{M min}} = F_{\text{V min}} + F_Z + \Delta F_{\text{Vth}} \tag{6-20}$$

其中 $F_{\text{V min}}$ 包含两部分：①螺栓连接所需的最小夹紧载荷 F_{Kerf}（由能够承受 $F_{\text{Q max}}$ 和/或 $M_{\text{Y max}}$，确保密封功能和防止被夹紧件之间离缝三项条件决定）；②轴向工作载荷的最大值 $F_{\text{A max}}$ 按比例 $(1 - \Phi_{\text{en}}^*)$ 分配的附加被夹紧件载荷 $[(1 - \Phi_{\text{en}}^*)F_{\text{A max}}]$。因此，有

$$F_{\text{M min}} = F_{\text{Kerf}} + (1 - \Phi_{\text{en}}^*)F_{\text{A max}} + F_Z + \Delta F_{\text{Vth}}' \tag{6-21}$$

如果不能完全确保加载始终是仅发生在达到工作温度或平衡温度之后，则当 $\Delta F_{\text{Vth}}' < 0$ 时，取 $\Delta F_{\text{Vth}}' = 0$ 代入式（6-21）。

VDI 算法与机械设计算法的同异，可参考第 2 章。

6.3   VDI 算法中预加载荷编程计算

与预加载荷相关的计算有：最小夹紧载荷 F_{Kerf}；嵌入导致的预加载荷损失 F_Z；由温度变化导致的预载变化（近似式）$\Delta F_{\text{Vth}}'$；所需最小装配预加载荷 $F_{\text{M min}}$ 和考虑拧紧方法和工具、摩擦系数等因素造成的装配预加载荷的数值离散 而得出的 $F_{\text{M max}}$ 等。

现将上述计算子程序列出供读者参考。

参考程序：对应于参考文献 [5] 中的计算步骤 R2、R4、R5 和 R6 中与预加载荷相关的参数 F_{Kerf}、F_Z、$\Delta F_{\text{Vth}}'$、$F_{\text{M min}}$ 和 $F_{\text{M max}}$ 计算 MATLAB 子程序。

```
% SYJZH 螺栓连接装配预加载荷相关计算
clc
clear all
format long g                    % 关闭科学计数法

% 计算最小夹紧载荷 FKerf（单位：N）
% 输入已知量
FQmax = 9519.45;                 % 横向总载荷（单位：N）
Mymax = -3982.39;                % 绕螺栓轴线的扭矩 MY（单位：N·mm）
Mrmax = abs(Mymax);              % 绕螺栓轴线的扭矩 MY（单位：N·mm）
                                   取正值
qf = 1.00;                       % 传递横向力的界面数
utmin = 0.28;                    % 被夹紧界面最小摩擦系数
qm = 1.00;                       % 传递扭矩的界面数
ra = 11.61;                      % 扭矩 MY 作用时被夹紧件的摩擦半径（单位：
                                   mm）
```

```
    FKQ = FQmax/(qf * utmin) + Mrmax/(qm * ra * utmin);    % 通过摩擦力传
递横向载荷和/或扭矩的最小夹紧载荷
    fprintf('通过摩擦力传递横向载荷和/或扭矩的最小夹紧载荷 F_KQ（单位：
N）')
    FKQ = roundn(FKQ, -2)
    FKerf = FKQ;                    % 取 F_KQ 为最小夹紧载荷
    fprintf('最小夹紧载荷 F_Kerf（单位：N）')
    FKerf = roundn(FKerf, -2)     % 保留两位小数


% 计算嵌入导致的螺栓预加载荷损失 F_Z（单位：N）
% 输入已知量
fz1 = 3;                        % 螺纹嵌入量（单位：μm）
fz2 = 4.5;                      % 螺栓头部嵌入量
fz3 = 4.5;                      % 螺母嵌入量
n = 2;                          % 内部界面数
fz4 = 2.5;                      % 单个内部界面嵌入量
fz2 = 4.5;
fz = (fz1 + fz2 + fz3 + n * fz4);  % 总嵌入量
ap = 3.1166e - 07;
as = 1.0572e - 06;


x = ap/(ap + as);
FZ = x * fz * 0.001/ap;        % 嵌入导致的螺栓预加载荷损失（单位：N）
fprintf('嵌入导致的螺栓预加载荷损失 F_Z（单位：N）')
FZ = roundn(FZ, -2)            % 保留两位小数


% 附加热载荷（单位：N）
% 输入已知量
dfvth = 0.0;
fprintf('按附加热载荷为零计算')
fprintf('      ')


% 计算最小装配预加载荷 F_M min（单位：N）
% 输入已知量
```

```
fprintf（'同心夹紧、同心加载时的载荷系数 Φn'）
xn = 0. 0954                         % 载荷系数 Φn


FAmax = 9418. 45;                    % 螺栓所受最大轴向载荷
if FAmax < = 0. 0
    FAmax = 0. 0;
end


% 最小装配预加载荷
fprintf（'最小装配预加载荷（单位：N）'）


if dfvth < 0
    dfvthpp = 0;                     % 代入值
else
    dfvthpp = dfvth;
end
FMmin = Fkerf + (1 – xn) * FAmax + FZ + dfvthpp;   % 最小装配预加载荷式


FMmin = roundn（FMmin, – 2）


% 最大装配预加载荷
% 输入已知量
aA = 1. 4;                           % 拧紧系数
fprintf（'最大装配预加载荷（单位：N）'）
FMmax = aA * FMmin;
FMmax = roundn（FMmax, – 2）
```

运行结果：

通过摩擦力传递横向载荷和/或扭矩的最小夹紧载荷 F_{KQ}（单位：N）

FKQ = 35223. 08

最小夹紧载荷 F_{Kerf}（单位：N）

FKerf = 35223. 08

嵌入导致的螺栓预加载荷损失 F_Z（单位：N）

FZ = 12419. 09

按附加热载荷为零计算

同心夹紧、同心加载时的载荷系数 $Φ_n$

xn = 0.0954

最小装配预加载荷（单位：N）

FMmin = 56162.10

最大装配预加载荷（单位：N）

FMmax = 78626.94

本章小结

本章重点讨论了 VDI 算法中与装配预加载荷相关的各因素及其对 F_M 的影响，并与机械设计算法进行了对比。编制了预加载荷计算的 MATLAB 子程序。

第7章 应力和强度校核

强度校核必须针对装配状态和工作状态分别进行。

7.1 机械设计算法中的应力和强度校核

现依据 VDI 算法的相关内容及顺序进行讨论，在对比阅读参考文献 [1-4、7、10、12] 时须加以注意。

1. 装配应力

螺栓的装配应力为装配预加载荷除以承受该载荷的截面积。为满足螺栓连接能够安全可靠地使用的要求，根据式 (2-11)，实际采用的装配预加载荷 F_{Vsj} 为

$$F_{Vsj} \geqslant F_V = F_{KR} + \frac{c_2}{c_1 + c_2}F_A = F_S - \frac{c_1}{c_1 + c_2}F_A \tag{7-1}$$

其中，F_{KR}、F_A 和 F_S 值的确定参见 2.1 节。

适当选用较大的预加载荷，有利于提高螺栓连接的可靠性及疲劳强度；但过大的预加载荷会导致整个连接的结构尺寸增大，还会使连接零部件在装配或偶然过载时被拉断。为保证连接所需的预加载荷，又不使螺纹连接件过载，装配时需要控制预加载荷。参考文献 [2、7] 中，对于一般连接用钢制螺栓连接，推荐使用：

碳素钢螺栓 $\qquad\qquad F_V \leqslant (0.6 \sim 0.7)R_{p0.2}A_c \tag{7-2}$

式中 A_c——螺栓螺纹部分危险截面的面积，$A_c = \pi d_c^2/4$。

合金钢螺栓 $\qquad\qquad F_V \leqslant (0.5 \sim 0.6)R_{p0.2}A_c \tag{7-3}$

参考文献 [1] 中介绍，对于高强度螺栓摩擦连接，螺栓的抗拉强度 R_m 一般为 $800 \sim 1000MPa$。用强力拧紧后，螺栓的预紧应力允许达到 $(0.75 \sim 0.85)R_{p0.2}$，甚至更高。因此，可采用：

高强度螺栓 $\qquad\qquad F_V \leqslant (0.75 \sim 0.85)R_{p0.2}A_c \tag{7-4}$

由式 (7-1)~式 (7-4) 可得，对一般连接用的碳素钢螺栓、合金钢螺栓，实际采用的装配预加载荷 F_{Vsj} 的取值应分别为

$$F_S - \frac{c_1}{c_1 + c_2}F_A = F_{KR} + \frac{c_2}{c_1 + c_2}F_A \leqslant F_{Vsj} \leqslant (0.6 \sim 0.7)R_{p0.2}A_c \tag{7-5}$$

$$F_S - \frac{c_1}{c_1 + c_2}F_A = F_{KR} + \frac{c_2}{c_1 + c_2}F_A \leqslant F_{Vsj} \leqslant (0.5 \sim 0.6)R_{p0.2}A_c \tag{7-6}$$

对高强度螺栓，F_{Vsj} 的取值范围为

$$F_S - \frac{c_1}{c_1 + c_2}F_A = F_{KR} + \frac{c_2}{c_1 + c_2}F_A \leqslant F_{Vsj} \leqslant (0.75 \sim 0.85)R_{p0.2}A_c \qquad (7\text{-}7)$$

2. 工作应力

如2.1节所述，单螺栓在承受轴向工作载荷 F_A 之后，其螺栓承受的总拉力由原来的预加载荷 F_V 增至 F_S，参见式（2-12）及式（2-9）。其计算应力应满足的强度条件为式（2-14）。

3. 交变应力

当紧螺栓连接受到轴向变载荷时，若工作载荷在最小轴向工作载荷 F_{Au} 与最大轴向工作载荷 F_{Ao} 之间变化，则螺栓拉力将在最小螺栓载荷 F_{Su} 与最大螺栓载荷 F_{So} 之间变化，如图7-1所示[1]。

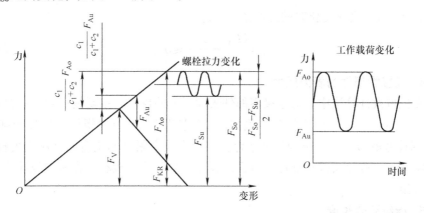

图 7-1　工作载荷在 F_{Au} 与 F_{Ao} 之间变化时螺栓拉力的变化

由此可知，螺栓交变拉力的变幅 F_{Sa} 为

$$F_{Sa} = \frac{F_{So} - F_{Su}}{2} = \frac{F_{Ao} - F_{Au}}{2}\frac{c_1}{c_1 + c_2} \qquad (7\text{-}8)$$

螺栓交变应力幅 σ_a 为

$$\sigma_a = \frac{F_{Sa}}{A_c} = \frac{2(F_{Ao} - F_{Au})}{\pi d_c^2}\frac{c_1}{c_1 + c_2} \qquad (7\text{-}9)$$

故轴向变载荷紧螺栓连接的强度条件为：螺栓所受的载荷应力幅 σ_a 不大于疲劳极限应力幅 σ_{Ac}（相对面积 A_c），即

$$\sigma_a = \frac{2(F_{Ao} - F_{Au})}{\pi d_c^2}\frac{c_1}{c_1 + c_2} \leqslant \sigma_{Ac} \qquad (7\text{-}10)$$

作为特例，当工作载荷在0与 F_A 之间变化时，则相对应的螺栓总拉力将在预加载荷 F_V 与 F_S 之间变化，如图7-2所示。

此时，只需将式（7-10）中的 F_{Au} 和 F_{Ao} 分别改为0与 F_A 代入，即可得工作

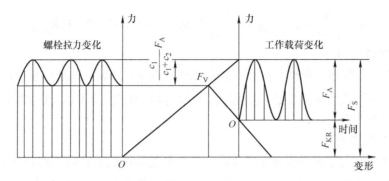

图 7-2 工作载荷在 0 与 F_A 之间变化时螺栓拉力的变化

载荷在 0 与 F_A 之间变化时的强度条件，即

$$\sigma_a = \frac{2F_A}{\pi d_c^2} \frac{c_1}{c_1 + c_2} \leqslant \sigma_{Ac} \tag{7-11}$$

4. 连接零部件的表面压力

在机械设计算法中，对连接零部件表面压力的校核，主要是针对"结合面受压最大处不被压溃"而进行的。例如，1.1 节表 1 – 1 中"螺栓组连接的载荷"为"翻转力矩 M"情况下的第 2 条计算，即为被夹紧件的结合面挤压应力校核。VDI 算法中"螺栓头部和螺母支承面的表面压力"强度校核，在机械设计算法中少有介绍。

5. 螺纹旋合长度

一般应用中，均选用强度等级配套的标准螺栓连接元件，满足等强度设计，不必校核螺纹旋合长度。相关内容见参考文献 [10，12]。

6. 承受横向载荷/扭矩的能力

普通紧螺栓连接靠被夹紧件之间的摩擦传递横向载荷及扭矩，而该摩擦源自被夹紧件之间的正压力——夹紧力。对于包含各种工作载荷的复杂情况，残余预加载荷 F_{KR} 必须满足要求，详见 2.1 节和 6.1 节。

VDI 算法中所讨论的承受横向载荷或/和扭矩的螺栓连接，在过载情况下，螺栓承受的剪切/挤压应力校核，在机械设计算法中一般不涉及（铰制孔螺栓另当别论）。

7.2 VDI 算法中的应力和强度校核

在应力和强度校核中，推导公式时需要用到与螺栓几何参数有关的抗弯/抗扭截面模量[9]，为方便使用，现列于表 7-1。

表7-1　螺栓的抗弯/抗扭截面模量

抗弯截面模量 W_S		抗扭截面模量 W_P	
弹性状态下	塑性状态下	弹性状态下	塑性状态下
$W_S = W_b = \pi \dfrac{d_0^3}{32}$	$W_S = W_{Spl} = \dfrac{d_0^3}{6}$	$W_P = \pi \dfrac{d_0^3}{16}$	$W_P = W_{Ppl} = \pi \dfrac{d_0^3}{12}$

注：d_0 为螺栓的相当最小横截面直径，将在 7.2.1 节中详细讨论；其他符号含义见附录。

7.2.1　装配应力

分析计算装配应力，目的是最大限度地利用螺栓强度，其计算结果最终体现于给出装配预加载荷的许用值 $F_{M\,zul}$。

由材料力学可知，根据第四强度理论建立的强度条件为[9]

$$\sigma_{r4} \leqslant \sigma_{zul} \tag{7-12}$$

式中　σ_{r4}——按照第四强度理论求得的相当应力。

式（7-12）表示 σ_{r4} 值最大为 σ_{zul}。根据此思路，分析理解 VDI 算法中的相应公式。

如前所述，在大多数情况下，通过相对螺母或内螺纹转动螺栓来施加预加载荷，因此螺栓的装配预加载荷所产生的总应力由两部分组成：由装配预加载荷 F_M（拉力）产生的拉伸应力 σ_M 和由螺纹力矩 M_G 产生的扭转切应力 τ_M。通过第四强度理论，将总应力转化为等效单轴应力状态，即相当应力[5,9] σ_{red} ［等同于式（7-12）中的 σ_{r4}］为

$$\sigma_{red} = \sigma_{red,M} = \sqrt{\sigma_M^2 + 3\tau_M^2} = \sqrt{\left(\frac{F_M}{A_0}\right)^2 + 3\left(\frac{M_G}{W_P}\right)^2} \tag{7-13}$$

式中　$\sigma_{red,M}$——装配状态下的相当应力；

A_0——螺栓相当最小横截面积。

式（7-13）中，两个几何量 A_0 和 W_P（参见表7-1）均为螺栓的相当最小横截面直径 d_0 的函数，故 d_0 的取值是否合理，将直接影响应力计算和强度校核结果。现将不同情况下 d_0 的计算式列于表7-2。

表7-2　不同情况下螺栓相当最小横截面直径 d_0 计算式

序号	螺栓杆状况	最薄弱横截面	计算式
1	无螺纹杆部直径 d_i 小于应力横截面直径 d_S	杆部	$d_0 = d_{i\,min}$
2	腰状杆螺栓：杆部直径 d_T 小于等于螺栓螺纹小径 d_3	腰状杆处	$d_0 = d_T$
3	正常杆螺栓：杆径最小值 $d_{i\,min}$ 大于应力横截面直径 d_S	螺栓的螺纹中应力横截面	$d_0 = d_S$

这里需要区分以下三个术语的含义：直径为 d_0 的螺栓<u>相当最小横截面</u>，直径为 $d_{i\,min}$（腰状杆螺栓为 d_T）的螺栓<u>杆部最小横截面</u>，直径为 d_S 的螺栓<u>应力横</u>

截面$[d_S = (d_3 + d_2)/2]$。必须注意到，即使在螺栓螺纹的小径 d_3 值为表 7-2 所列各直径值中最小的情况下，也未将 d_0 取为 d_3，说明 d_0 不能定义为"最小直径"，而称为"相当最小横截面直径"更为合适，这一点也从一些 VDI2230 –1 中文版第 2 章符号表中将 A_0 译为"螺栓适当最小横截面积"（英文版为 appropriate minimum cross – sectional area of the bolt）可以得到证实。

欲推导许用装配预加载荷 $F_{M\,zul}$ 的计算式，可先找出由 F_M 导致的螺栓拉伸应力 σ_M 与相当应力 $\sigma_{red,M}$ 之间的关系，导出许用装配预加应力 $\sigma_{M\,zul}$ 的计算式，再由此式获得 $F_{M\,zul}$ 的计算式。推导过程如下：

由式（7-13）得

$$\frac{\sigma_{red,M}}{\sigma_M} = \sqrt{1 + 3\left(\frac{\tau_M}{\sigma_M}\right)^2} = \sqrt{1 + 3\left(\frac{M_G A_0}{W_P F_M}\right)^2} \tag{7-14}$$

根据 M_G 的计算公式——式（6-7）、$\tan(\varphi + \rho')$ 的近似计算公式——式（6-11），以及表 7-1 中弹性状态下螺栓的抗扭截面模量计算式

$$W_P = \pi \frac{d_0^3}{16} \tag{7-15}$$

可得

$$\frac{\tau_M}{\sigma_M} = \frac{M_G A_0}{W_P F_M} = \frac{2d_2}{d_0}\tan(\varphi + \rho') \approx \frac{2d_2}{d_0}\left(\frac{P}{\pi d_2} + 1.155\mu_G\right) \tag{7-16}$$

根据参考文献 [5]，当横截面上存在恒定的扭转应力时，在相关的横截面 A_0 中达到材料的屈服强度，即完全塑性状态。塑性状态下螺栓的抗扭截面模量 W_{Pp1} 为

$$W_P = W_{Pp1} = \pi \frac{d_0^3}{12} \tag{7-17}$$

将式（7-17）替换式（7-15）代入式（7-16），则有

$$\frac{\tau_M}{\sigma_M} = \frac{M_G A_0}{W_P F_M} = \frac{3d_2}{2d_0}\tan(\varphi + \rho') \approx \frac{3d_2}{2d_0}\left(\frac{P}{\pi d_2} + 1.155\mu_G\right) \tag{7-18}$$

将式（7-18）代入式（7-14），得

$$\sigma_M = \frac{\sigma_{red,M}}{\sqrt{1 + 3\left(\frac{\tau_M}{\sigma_M}\right)^2}} = \frac{\sigma_{red,M}}{\sqrt{1 + 3\left[\frac{3d_2}{2d_0}\left(\frac{P}{\pi d_2} + 1.155\mu_G\right)\right]^2}} \tag{7-19}$$

取 $\mu_G = \mu_{G\,min}$，则 $\rho' = \rho'_{min}$。装配状态下的相当应力 $\sigma_{red,M}$ 取为屈服强度的最小值 $R_{p0.2min}$ [5]，则许用装配预加载荷 $F_{M\,zul}$ 所对应的许用装配预加拉伸应力 $\sigma_{M\,zul}$ 为

$$\sigma_{M\,zul} = \frac{R_{p0.2min}}{\sqrt{1 + 3\left[\frac{3d_2}{2d_0}\tan(\varphi + \rho'_{min})\right]^2}} = \frac{R_{p0.2min}}{\sqrt{1 + 3\left[\frac{3d_2}{2d_0}\left(\frac{P}{\pi d_2} + 1.155\mu_{G\,min}\right)\right]^2}}$$

$$\tag{7-20}$$

许用装配预加载荷（注意：有中文版将 $\sigma_{M\,zul}$ 误译为 σ_M）为

$$F_{M\,zul} = \sigma_{M\,zul} A_0 \nu \tag{7-21}$$

将式（7-20）代入式（7-21），得[5]

$$F_{M\,zul} = A_0 \frac{\nu R_{p0.2min}}{\sqrt{1 + 3\left[\frac{3d_2}{2d_0}\left(\frac{P}{\pi d_2} + 1.155\mu_{G\,min}\right)\right]^2}} \tag{7-22}$$

若螺栓装配状态下的许用相当应力为 $\sigma_{red,M\,zul}$，依据 DIN EN ISO 898 – 1 或 DIN EN ISO 3506 – 1 标准，螺栓材料的最小屈服强度为 $R_{p0.2min}$，则利用系数 $\nu(\leqslant 1)$ 为

$$\nu = \frac{\sigma_{red,M\,zul}}{R_{p0.2min}} \tag{7-23}$$

通常，特别是在扭矩控制拧紧的情况下，考虑到可能出现的超屈服强度使用，故仅允许 $\nu < 1$，通常取 $\nu = 0.9$。

对于无切应力的拧紧方法，将 $\tau_M = 0$ 代入式（7-13），则

$$\sigma_{red,M\,zul} = \sigma_{M\,zul} = \nu R_{p0.2}$$

因此，有

$$F_{M\,zul} = \nu R_{p0.2} A_0 \tag{7-24}$$

VDI 算法中，利用 90% 的最小屈服强度 $R_{p0.2min}$（按 DIN EN ISO 898 – 1 标准），有

$$F_{M\,zul} = F_{M\,Tab} \tag{7-25}$$

其中，$F_{M\,Tab}$ 由 VDI 2230 – 1 中表 A1 ~ 表 A4 查得[5]。

由上述分析可知，对于许用的装配预加载荷 $F_{M\,zul}$，为保证使用要求，应大于式（2-26）所给出的装配预加载荷下限值 $F_{M\,max}$；即

$$F_{M\,max} \leqslant F_{M\,zul} \tag{7-26}$$

$$F_{M\,max} \leqslant F_{M\,Tab} \tag{7-27}$$

许用装配预加载荷 $F_{M\,zul}$ 的适用范围[5]由式（7-28）决定，参见图 7-3。

$$F_{M\,max} \leqslant F_{M\,zul} \leqslant 1.4 F_{M\,Tab} \tag{7-28}$$

对于实际选用的许用装配预加载荷值 $F_{M\,zulsj}$，应由用户考虑功能和强度等要求制定。笔者认为，取 $F_{M\,max} \leqslant F_{M\,zulsj} \leqslant F_{M\,Tab}$ 较为保险可靠；若与用户协商，取 $F_{M\,Tab} \leqslant F_{M\,zulsj} \leqslant F_{M0.2min}$ 也可以；但若取 $F_{M0.2min} \leqslant F_{M\,zulsj} \leqslant 1.4 F_{M\,Tab}$，则必须向用户详细说明情况，经用户同意方可采用。

几点说明：

1）在装配应力的计算中，涉及与螺栓危险截面相关的几何量时，VDI 算法根据螺栓杆的不同类型，确定"相当最小横截面"上的几何量，代入装配应力的相关计算公式；而机械设计算法中，不考虑螺栓杆的类型，一律使用螺栓螺纹

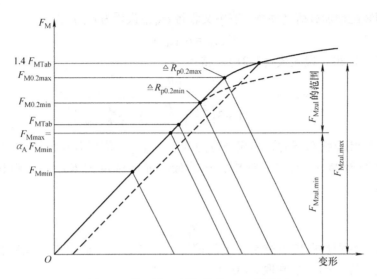

图 7-3 许用装配预加载荷 $F_{M\,zul}$ 的范围

注：$F_{M0.2}$ 为螺栓在规定塑性延伸率为 0.2% 的应力 $R_{p0.2}$（名义屈服强度）的装配预加载荷。

部分危险截面的直径 d_c $[d_c = d_3 - H/6$，参见式（2-5）] 代入相关计算公式，故而 VDI 算法更接近实际情况。在其他几项应力计算及强度校核中也是如此。

2）两种算法均为考虑由装配预加载荷而产生的螺栓应力能够满足强度要求，得出其 $F_{M\,zul}$ 的上限值；考虑满足连接能可靠工作的条件，得出其下限值（机械设计计算法中一般表达为等式）。但 VDI 算法考虑的因素较为全面、具体，因而更加合理。

3）在理解式（7-28）时，可能会有这样的疑问：按人们习惯的表示方法，装配预加载荷 F_M 应该比 $F_{M\,min}$ 大，比 $F_{M\,max}$ 小。而此处 $F_{M\,max}$ 却是装配预加载荷的下限值，感到不习惯。事实上，$F_{M\,min} \sim F_{M\,max}$，是考虑由拧紧方法、摩擦系数等因素造成的装配预加载荷的数值离散而得出的一个范围（详见 2.2.4 节及 6.2.3 节）；而对 $F_{M\,zul}$ 的取值范围，表达为式（7-29）更加容易理解（参见图 7-3）。

$$F_{M\,max} = F_{M\,zul,min} \leqslant F_{M\,zul} \leqslant F_{M\,zul,max} = 1.4 F_{M\,Tab} \qquad (7\text{-}29)$$

4）若用户事先已提出选用拧紧力矩的参考值 $M_{A\,ck}$ 时，则应根据由式（6-13）导出的式（7-30），求得相应的装配预加载荷的参考值 $F_{M\,ck}$。

$$F_{M\,ck} = \frac{M_{A\,ck}}{0.16P + 0.58d_2\mu_G + \dfrac{D_{Km}}{2}\mu_K} \qquad (7\text{-}30)$$

在完成上述 $F_{M\,zul}$ 的计算及检验的基础上，检验该参考值 $F_{M\,ck}$ 是否合适。

$$F_{\text{M max}} \leqslant F_{\text{M ck}} \leqslant F_{\text{M zul}} \tag{7-31}$$

当满足式 (7-31) 时，拧紧力矩 $M_{\text{A ck}}$ 合适；否则，应根据具体情况向用户提出相应的意见和建议。

这里需要注意的是：在根据拧紧力矩 M_{A} 求装配预加载荷 F_{M} 时，不建议使用机械设计中的近似计算公式，即式 (6-5)：$M_{\text{V}} \approx 0.2 F_{\text{V}} d$，其原因参见 6.2.3 节。

5) 注意：参考文献 [5] 的 "5.5.1 装配应力" 节论述了 "许用装配预加载荷 $F_{\text{M zul}}$"，在该小节之后的章节中，均以符号 $F_{\text{M zul}}$ 作为各计算式中的装配预加载荷，为便于学习理解，本书也采用了相同的表示方法。

6) 其他有关特定情况下 $d_{3\text{ min}}$ 和 $d_{2\text{ min}}$ 的计算、螺纹摩擦系数 $\mu_{\text{G min}}$ 的确定、拧紧方法/拧紧工具变化较大的情况、超弹性极限的屈服控制拧紧和转角控制拧紧等的相关说明，见参考文献 [5] 的 5.5.1 节，此处不再赘述。

7.2.2　工作应力

与装配应力相比，具有轴向分量的工作载荷 (拉伸工作载荷 F_{A}、工作力矩 M_{B} 和附加热载荷 ΔF_{Vth}) 通常导致应力增加 (参见 2.2 节)。此时，必须确保附加应力不会导致螺栓塑性变形，从而导致预加载荷损失，或预加载荷损失不会导致残余预加载荷无法达到所需的夹紧载荷。

1. 不允许超过屈服强度

工作应力不超过屈服强度是螺栓连接中最常用的工作应力强度要求。与装配应力的分析方法一致，应用第四强度理论，可得工作状态下的相当应力 $\sigma_{\text{red,B}}$ 的计算式及相应的强度条件[5,9]

$$\sigma_{\text{red,B}} = \sqrt{\sigma_{\text{Z}}^2 + 3\tau_{\text{S}}^2} < R_{\text{p0.2min}} \tag{7-32}$$

式中　σ_{Z}——工作状态下螺栓的拉伸应力，由式 (7-33) 求得；

τ_{S}——螺栓所受的切应力，由式 (7-35) 求得。

$$\sigma_{\text{Z}} = \frac{1}{A_0}\left(F_{\text{M zul}} + F_{\text{SA max}} - \Delta F_{\text{Vth}}^*\right) + \frac{M_{\text{Sb max}}}{W_{\text{b}}} \tag{7-33}$$

式中　M_{Sb}——作用于螺栓上的附加弯矩；

W_{b}——弹性状态下，螺栓横截面的抗弯截面模量，参见表 7-1；

ΔF_{Vth}^*——不同于室温温度导致的，并要在计算中包含的预加载荷变化，当 $\Delta F_{\text{Vth}} < 0$ 时，取 $\Delta F_{\text{Vth}}^* = \Delta F_{\text{Vth}}$；当 $\Delta F_{\text{Vth}} > 0$ 时，取 $\Delta F_{\text{Vth}}^* = 0$。

若 $\beta_{\text{S}} \gg \beta_{\text{P}}$，且不发生连接离缝情况，则 $M_{\text{Sb max}}$ 小至可以忽略，由式 (7-33) 得简化公式

$$\sigma_{\text{Z}} = \frac{1}{A_0}\left(F_{\text{M zul}} + F_{\text{SA max}} - \Delta F_{\text{Vth}}^*\right) \tag{7-34}$$

再来讨论式（7-32）中 τ_S 的计算式

$$\tau_S = \frac{M_{TSA\ max}}{W_P} + \frac{F_{Q\ max}}{A_0} + k_\tau \frac{M_G}{W_P} \tag{7-35}$$

式中　M_{TSA}——一定条件下，由工作载荷导致的螺栓附加扭矩；

　　　W_P——弹性状态下螺栓横截面的抗扭截面模量，参见表7-1和式（7-15）；

　　　k_τ——衰减系数，推荐取 $k_\tau = 0.5$；

　　　M_G——螺纹力矩，$M_G = F_{M\ zul} \dfrac{d_2}{2}\left(\dfrac{P}{\pi d_2} + 1.155\mu_{G\ min}\right)$

正常情况下，横向力及扭矩通过结合面摩擦传递，故可以假设没有或很少有 M_{TSA} 和 F_Q，忽略其影响，则有

$$\tau_S = k_\tau \frac{M_G}{W_P} \tag{7-36}$$

为了便于理解，现将最常用的工作应力强度要求——工作应力不超过屈服强度的强度计算公式整理如图7-4所示。

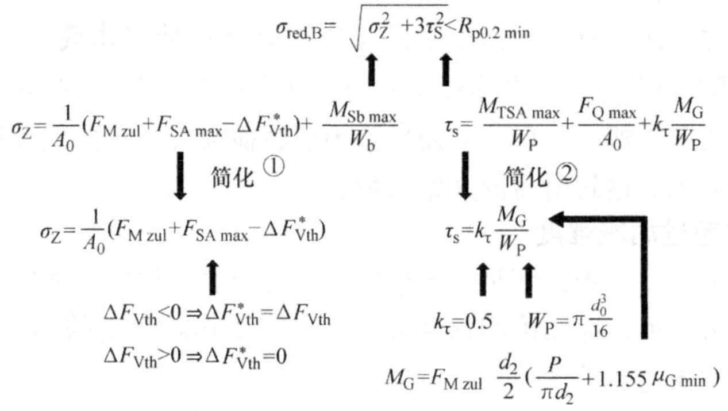

$$\sigma_{red,B} = \sqrt{\sigma_Z^2 + 3\tau_S^2} < R_{p0.2\ min}$$

$$\sigma_Z = \frac{1}{A_0}(F_{M\ zul} + F_{SA\ max} - \Delta F_{Vth}^*) + \frac{M_{Sb\ max}}{W_b} \qquad \tau_s = \frac{M_{TSA\ max}}{W_P} + \frac{F_{Q\ max}}{A_0} + k_\tau \frac{M_G}{W_P}$$

简化 ①　　　　　　　　　　简化 ②

$$\sigma_Z = \frac{1}{A_0}(F_{M\ zul} + F_{SA\ max} - \Delta F_{Vth}^*) \qquad \tau_s = k_\tau \frac{M_G}{W_P}$$

$$\Delta F_{Vth} < 0 \Rightarrow \Delta F_{Vth}^* = \Delta F_{Vth} \qquad k_\tau = 0.5 \qquad W_P = \pi \frac{d_0^3}{16}$$

$$\Delta F_{Vth} > 0 \Rightarrow \Delta F_{Vth}^* = 0 \qquad\qquad M_G = F_{M\ zul} \frac{d_2}{2}\left(\frac{P}{\pi d_2} + 1.155\mu_{G\ min}\right)$$

图7-4　工作应力不超过屈服强度的强度条件计算公式

公式中其他参数的计算参见前述相关章节。其中简化①：当 $\beta_S \gg \beta_P$，且排除连接离缝情况，则 M_{Sbmax} 小至可以忽略。此简化条件一般可以满足。简化②：由于正常工作的紧螺栓连接是不允许由螺栓杆来承受横向力和/或扭矩的（参考文献［5］5.5.6节也有论述），故此简化是合理的。其他有关说明可见参考文献［5］的5.5.2.1节。

综上所述，在不允许超过屈服强度的情况下，工作状态下的相当应力 $\sigma_{red,B}$ 为[5]

$$\sigma_{red,B} = \sqrt{\sigma_{Z\ max}^2 + 3(k_\tau\tau_{max})^2} \tag{7-37}$$

式中　$\sigma_{Z\ max}$——螺栓的最大拉伸应力，由式（7-38）求得；

　　　τ_{max}——螺栓的最大切应力，$\tau_{max} = M_G/W_P$。

$$\sigma_{Z\ max} = F_{S\ max}/A_0 \tag{7-38}$$

式中 $F_{S\,max}$——工作状态下，螺栓总载荷的最大值，由式（7-39）求得。

$$F_{S\,max} = F_{M\,zul} + \Phi_{en}^* F_{A\,max} - \Delta F_{Vth} \tag{7-39}$$

其中，若 $\Delta F_{Vth} > 0$，则取 $\Delta F_{Vth} = 0$。

工作应力下的安全系数 S_F 为

$$S_F = R_{p0.2\,min}/\sigma_{red,B} \geqslant 1.0 \tag{7-40}$$

对于完全失去扭转切应力和无扭矩拧紧的情况，其强度条件及安全系数计算分别为

$$R_{p0.2\,min} A_0 \geqslant F_{Smax} \tag{7-41}$$

$$S_F = R_{p0.2\,min}/\sigma_{z\,max} \geqslant 1.0 \tag{7-42}$$

安全系数 S_F 的最小值由用户决定。

VDI 算法与机械设计算法相比，两者间的主要差别有：

1）VDI 算法考虑了螺栓的附加热载荷。另外，未简化式中考虑了附加弯矩、某些情况下（如稍过载等）在役的附加扭矩 M_{TSA} 和横向力 F_Q。

2）两者对附加螺栓载荷的处理方式不同。详见第 5 章。

3）对于切应力的计算，机械设计算法将其包含于计算式中的系数 1.3 之中，VDI 算法则考虑的因素更为具体、详尽、全面。

2. 在工作状态超过屈服强度

若不满足式（7-32）中的条件 $\sigma_{red,B} < R_{p0.2\,min}$，则螺栓连接工作状态下的相当应力将超过屈服强度，螺栓因此塑性拉长，导致预加载荷下降。在第一次加载和卸载之后的预加载荷 F_{V1} 可简化为

$$F_{V1} = A_0 \sqrt{(R_{p0.2\,min})^2 - 3\left(k_\tau \frac{M_G}{W_P}\right)^2} - F_{SA\,max} + \Delta F_{Vth}^* - F_Z \tag{7-43}$$

其简化条件：忽略来自使用中加载的弯曲和切应力（如 $\beta_S \gg \beta_P$，且不发生连接离缝）。式中 ΔF_{Vth}^* 按式（7-33）取值。

3. 在装配期间和使用中超过屈服强度

在超过屈服强度装配的情况下，第一次加载和卸载之后的预加载荷 F_{V1} 可由简化为

$$F_{V1} = A_0 \sqrt{(R_{p0.2min} k_V)^2 - 3\left(k_\tau \frac{M_G}{W_{Pp1}}\right)^2} - F_{SA\,max} + \Delta F_{Vth}^* - F_Z \tag{7-44}$$

式中 k_V——硬化系数，$k_V = 1.1 \sim 1.2$。

其简化条件：忽略来自使用中加载的弯曲和切应力（如 $\beta_S \gg \beta_P$，且不发生连接离缝）。式中 ΔF_{Vth}^* 按式（7-33）取值。

4. 最小夹紧载荷的校核

若工作状态下的相当应力不超过屈服强度，根据本节"1. 不允许超过屈服

强度"的内容校核工作应力，则根据计算步骤 R2 进行的最小夹紧载荷校核已间接完成，根据计算步骤 R12 校核防滑安全性即可。

VDI 算法中[5]，对于相当应力超过屈服强度的情况，应评估使用中的最小夹紧载荷，同时考虑可能来自热影响和嵌入影响的载荷降低。超过屈服强度时，最小夹紧载荷（残余预加载荷）$F_{\text{KR1 min}}$ 应满足

$$F_{\text{KR1 min}} = F_{\text{V1 min}} - F_{\text{PAmax}} \geq F_{\text{Kerf}} \tag{7-45}$$

在工作载荷超过屈服强度的情况下，有

$$F_{\text{V1 min}} = \min\left\{F_{\text{V1}} - \Delta F_{\text{Vth}}^* ; \frac{F_{\text{M zul}}}{\alpha_{\text{A}}} - F_{\text{Z}} - \Delta F_{\text{Vth}}^*\right\} \tag{7-46}$$

当满足简化条件时，式中 F_{V1} 由式（7-43）得出。

在装配载荷超过屈服强度的情况下，有

$$F_{\text{V1 min}} = \min\left\{F_{\text{V1}} - \Delta F_{\text{Vth}}^* ; F_{\text{M0.2 min}} - F_{\text{Z}} - \Delta F_{\text{Vth}}^*\right\} \tag{7-47}$$

当满足简化条件时，式中 F_{V1} 由式（7-44）得出；$F_{\text{M0.2 min}}$ 在 $\nu = 1$（100% 利用屈服强度）时的计算式类似于式（7-21）。

以下参数取值时，与前几节中列出的方程式相反：

1）用 $\mu_{\text{G max}}$ 计算 F_{V1} 和 $F_{\text{M0.2 min}}$。

2）在预加载荷校核中，应考虑附加热载荷以及卸载时的残余夹紧载荷，因此当 $\Delta F_{\text{Vth}} < 0$ 时，取 $\Delta F_{\text{Vth}}^* = 0$；当 $\Delta F_{\text{Vth}} > 0$ 时，取 $\Delta F_{\text{Vth}}^* = \Delta F_{\text{Vth}}$。

顺便说一下，在机械设计算法中，一般只允许工作状态下的相当应力不超过许用应力，即 $\sigma_{\text{red}} \leq \sigma_{\text{zul}}$，参见式（2-14）；故与 VDI 算法中的 F_{Kerf} 相对应的 $F_{\text{KR min}}$，按 6.1 节中介绍的方法计算校核。

7.2.3 交变应力

对于同心夹紧，同心加载，交变应力的应力幅 σ_{a} 的计算[5]式为

$$\sigma_{\text{a}} = \frac{F_{\text{SAo}} - F_{\text{SAu}}}{2A_{\text{S}}} \tag{7-48}$$

式中　F_{SAo}、F_{SAu}——轴向附加螺栓载荷的最大值、最小值。

对于偏心夹紧和/或偏心加载，考虑到弯曲载荷，则交变应力的应力幅 σ_{ab} 的计算[5]式为

$$\sigma_{\text{ab}} = \frac{\sigma_{\text{SAbo}} - \sigma_{\text{SAbu}}}{2} \tag{7-49}$$

式中　σ_{SAbo}、σ_{SAbu}——偏心加载和/或偏心夹紧时，由 F_{SA} 和附加弯矩 M_{b} 导致的螺栓弯曲拉伸应力 σ_{SAb} 的最大值、最小值。

在所有被夹紧件的杨氏模量相同的情况下，偏心夹紧和/或偏心加载时，由 F_{SA} 和 M_{b} 导致螺栓的弯曲拉伸应力 σ_{SAb} 为

$$\sigma_{SAb} = \left[1 + \left(\frac{1}{\varPhi_{en}^*} - \frac{s_{sym}}{a} \right) \frac{l_K}{l_{ers}} \frac{E_S}{E_P} \frac{\pi a d_S^3}{8 \ \overline{I}_{Bers}} \right] \frac{\varPhi_{en}^* F_A}{A_S} \tag{7-50}$$

式中 $\overline{I}_{Bers}$ ——去除螺栓孔后变形体的等效惯性矩。

对具有不同杨氏模量的被夹紧件，σ_{SAb} 的计算见参考文献 [5] 5.5.3 节。

故轴向变载荷紧螺栓连接的强度条件为：螺栓所受交变载荷的应力幅 σ_a（同心夹紧，同心加载）或 σ_{ab}（偏心夹紧和/或偏心加载）不大于疲劳极限应力幅 σ_{AS}，即

$$\sigma_{a/ab} \leq \sigma_{AS} \tag{7-51}$$

抗疲劳失效安全系数 S_D 的计算及校核为

$$S_D = \frac{\sigma_{AS}}{\sigma_{a/ab}} \geq 1.0 \tag{7-52}$$

具体选用抗疲劳失效安全系数 S_D 的最小值由用户决定，一般建议取 $S_D \geq 1.2$。

高强度螺栓的持久疲劳极限（无限寿命区，交变循环次数大于循环基数 $N_D = 2 \times 10^6$）应力幅：

热处理前滚丝的螺栓（SV）为

$$\sigma_{ASV} = 0.85 (150/d + 45) \tag{7-53}$$

热处理后滚丝的螺栓（SG）（$0.3 \leq F_{Sm}/F_{0.2min} < 1$）为

$$\sigma_{ASG} = (2 - F_{Sm}/F_{0.2min}) \sigma_{ASV} \tag{7-54}$$

式中 F_{Sm} ——平均螺栓载荷，$F_{Sm} = \dfrac{F_{SAo} + F_{SAu}}{2} + F_{M \ zul}$

若高强度螺栓在使用中的交变应力循环次数 N_Z 的范围为：$N_D \geq N_Z > 10^4$（有限寿命区），则其在有限寿命下的疲劳极限应力幅如下：

热处理前滚丝的螺栓（SV）为

$$\sigma_{AZSV} = \sigma_{ASV} (N_D/N_Z)^{1/3} \tag{7-55}$$

热处理后滚丝的螺栓（SG）为

$$\sigma_{AZSG} = \sigma_{ASG} (N_D/N_Z)^{1/6} \tag{7-56}$$

若计算得出 $\sigma_{AZSG} < \sigma_{AZSV}$，则取 $\sigma_{AZSG} = \sigma_{AZSV}$。

7.2.4 螺栓头部和螺母支承面的表面压力

无论是装配预加载荷，还是螺栓的最大载荷 $F_{S \ max}$，均不得在螺栓头及螺母与被夹紧件之间的承载区域产生过大的表面压力而导致蠕变及预加载荷损失。因此，装配状态下的表面压力 p_M 和工作状态下的表面压力 p_B 的最大值均不得超过螺栓连接部件材料的极限表面压力 p_G[5]。即应满足

$$p_{M\,max} = F_{M\,zul}/A_{p\,min} \leqslant p_G \qquad (7\text{-}57)$$

$$p_{B\,max} = (F_{V\,max} + F_{SA\,max} - \Delta F_{Vth})/A_{p\,min} \leqslant p_G \qquad (7\text{-}58)$$

式中　$A_{p\,min}$——螺栓头部或螺母承载面积的最小值，由适用于平面环形支承区域承载面积的近似式——式（7-59）求得。

$$A_{p\,min} = \frac{\pi}{4}(d_{Wa}^2 - D_{Ki}^2) \qquad (7\text{-}59)$$

式中　d_{Wa}——与被夹紧件接触的垫圈支承平面外径；

D_{Ki}由式（6-10）求得。

当 $\Delta F_{Vth} > 0$ 时，取 $\Delta F_{Vth} = 0$ 代入式（7-58）。

对于在压力载荷作用下的连接（$F_A < 0$，参见图 2-7b），则应以 $F_{SA\,max} = 0$ 代入式（7-58）。

在采用屈服强度控制拧紧和转角控制拧紧的情况下，应用参考文献［5］的表 A1～A4 中 $F_{M\,zul} = F_{M\,Tab}$ 的值，其最大表面压力为

$$p_{max} = \frac{F_{M\,Tab}}{A_{p\,min}} \times 1.4 \qquad (7\text{-}60)$$

系数 1.4 为最大屈服强度和最小屈服强度之比（比值为 1.2）、利用系数的倒数 $1/\nu = 1.11$ 和硬化效应（其值为 1.05）三者的乘积。

螺栓连接部件材料的极限表面压力 p_G 可查参考文献［5］的表 A9 中由试验获得的参考值。

若使用垫圈减轻表面压力，则应保证垫圈具有足够的强度和厚度。为计算厚度为 h_S 的垫圈与被夹紧件之间的压力，对标准垫圈，与被夹紧件接触的垫圈支承平面外径为

$$d_{Wa} = d_W + 1.6h_S \qquad (7\text{-}61)$$

在热载荷的情况下，应考虑材料强度的降低以及与此相关的极限表面压力的降低。

螺栓头和螺母支承面的表面压力必须满足的强度条件为

$$S_P = \frac{p_G}{p_{M/B\,max}} \geqslant 1.0 \qquad (7\text{-}62)$$

式中　S_P——抗表面压力安全系数。

安全系数 S_P 的最小值由用户决定。

7.2.5　螺纹旋合长度

螺纹脱扣（螺纹连接因螺纹牙被剪切破坏而失效）是螺栓连接失效的形式之一。为了防止 BJ 由于相互旋合的螺纹脱扣而失效，内外螺纹之间必须有足够的旋合长度。

避免脱扣的原则[5]：螺栓的最大拉伸力必须小于连接中内螺纹、螺栓外螺纹的临界脱扣力 F_{mGM}、F_{mGS}。

有研究表明，在过载情况下，螺栓在不同部位发生折断的比例如图 7-5 所示[2]。

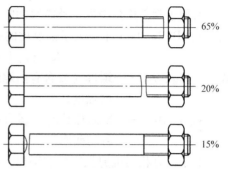

65%

20%

15%

若以 F_{mS} 表示螺栓上负载未旋合螺纹部分的断裂力，则为防止脱扣，应有

$$F_{mS} \leqslant \min(F_{mGM}, F_{mGS}) \quad (7\text{-}63)$$

螺栓连接中的各个部分，按等强度设计为最佳，其中也包括螺纹的承载能力。故当配合螺纹部分的承载力与螺栓负载未旋合螺纹部分或螺杆部分的承载

图 7-5　受拉螺栓的破坏形式及其所占百分比

力相等时，便达到了临界旋合长度或螺母高度 m_{kr}[5]，如图 7-6 所示。

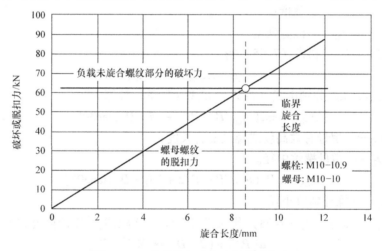

图 7-6　BJ 的旋合长度和内螺纹脱扣力

若螺母的强度等级至少和螺栓的强度等级一致，则配有标准螺母的螺栓连接即为等强度设计。

将螺栓拧入由强度相对较低材料制成的螺母或内螺纹（通常为 TTJ）中时，若旋入深度为亚临界值，则在过载的情况下，则内螺纹牙会被剪切破坏。在这种情况下，连接的承载能力取决于螺栓螺纹的外径和带内螺纹部件材料的抗剪强度。

反之，将螺栓拧入由强度相对较高材料制成的螺母或内螺纹中时，在过载的情况下，若旋合长度低于临界值，则外螺纹牙会被剪切破坏。在这种情况下，连接的承载能力取决于由螺母或内螺纹内径确定的剪切面积和螺栓材料的抗剪强度。

为便于判断连接中内、外螺纹的临界脱扣力二者之中的小者，即 $\min(F_{mGM}, F_{mGS})$，VDI 2230 – 1 中引入了强度比的概念，即

$$R_S = \tau_{BM} A_{SGM}/(\tau_{BS} A_{SGS}) \tag{7-64}$$

式中 τ_{BM}、τ_{BS}——螺母（或含有内螺纹的零部件）材料的抗剪强度、螺栓的抗剪强度；

A_{SGM}、A_{SGS}——轴向加载时，螺母螺纹/内螺纹的剪切截面积、螺栓螺纹的剪切截面积。

对于具有相同抗剪强度比的钢材，有

$$\frac{\tau_{BM}}{R_{mM}} = \frac{\tau_{BS}}{R_{mS}} = \frac{\tau_B}{R_m} \tag{7-65}$$

式中 R_{mM}、R_{mS}——螺母（或含有内螺纹的零部件）的抗拉强度、螺栓的抗拉强度；

τ_B——抗剪强度。

由式（7-64）和式（7-65）得

$$R_S = R_{mM} A_{SGM}/(R_{mS} A_{SGS}) \tag{7-66}$$

式中 A_{SGM}、A_{SGS} 分别由式（7-67）和式（7-68）计算。

$$A_{SGM} = \pi d(m_{eff}/P)[P/2 + (d - D_2)\tan30°] \tag{7-67}$$

式中 m_{eff}——螺母有效高度或螺纹旋合长度；

D_2——螺母螺纹中径。

$$A_{SGS} = \pi D_1(m_{eff}/P)[P/2 + (d_2 - D_1)\tan30°] \tag{7-68}$$

式中 D_1——螺母螺纹小径。

将式（7-67）、式（7-68）代入式（7-66），得出强度比计算公式[5]

$$R_S = \frac{d[P/2 + (d - D_2)\tan30°]}{D_1[P/2 + (d_2 - D_1)\tan30°]} \frac{R_{mM}}{R_{mS}} \tag{7-69}$$

由上述分析可知：

1）对于强度等级配套使用标准螺栓连接件，满足等强度设计，不必校核螺纹旋合长度。

2）当螺栓连接件并非强度等级配套使用，且强度比 $R_S < 1$ 时，内螺纹存在被剥落的风险，即内螺纹的强度为关键，应按参考文献［5］中 5.5.5.1 节校核螺纹旋合长度。

3）当螺栓连接件并非强度等级配套使用，且强度比 $R_S \geq 1$ 时，外螺纹存在被剥落的风险，即外螺纹的强度为关键，应按参考文献［5］中 5.5.5.2 节校核螺纹旋合长度。

7.2.6　横向承载能力

垂直于螺栓轴线的载荷，包括横向载荷 F_Q 和扭矩 M_Y。螺栓连接受到 F_Q 和/或 M_Y 后，将在被夹紧件之间产生相对滑动的趋势。对于普通紧螺栓连接，依靠摩擦承受垂直于螺栓轴线方向的载荷，原则上要求螺栓和/或被夹紧件之间不得出现相对运动（滑移）。

1. 抗滑移安全系数

连接通过结合面间的静态摩擦避免各件之间相对滑动。结合面的最小残余夹紧载荷为

$$F_{KR\,min} = F_{V\,min} - F_{PA} - \Delta F_{Vth} = \frac{F_{M\,zul}}{\alpha_A} - (1 - \Phi_{en}^*)F_{A\,max} - F_Z - F_{Vth} \quad (7\text{-}70)$$

若 $\Delta F_{Vth} < 0$，则取 $\Delta F_{Vth} = 0$ 代入式（7-70）。

而传递横向载荷和/或扭矩所需的夹紧载荷 $F_{KQ\,erf}$ 为

$$F_{KQ\,erf} = \frac{F_{Q\,max}}{q_F \mu_{T\,min}} + \frac{M_{Y\,max}}{q_M r_a \mu_{T\,min}} \quad (7\text{-}71)$$

式中　r_a——M_Y 作用时，被夹紧件的摩擦半径。

故必须满足 $F_{KR\,min} > F_{KQ\,erf}$，则抗滑移安全系数 S_G 为

$$S_G = \frac{F_{KR\,min}}{F_{KQ\,erf}} > 1.0 \quad (7\text{-}72)$$

具体选用安全系数 S_G 的最小值由用户决定。通常静态加载时 $S_G \geqslant 1.2$；通过 F_Q 和/或 M_Y 交变加载时 $S_G \geqslant 1.8$[5]。

2. 抗剪切安全系数

在设计时，需要确保螺栓连接超载时能有限制地继续使用，或者能够通过预设的断裂点失效而保护位于力作用线中的其他零部件[5]。

此处所讨论的剪切载荷的强度计算及校核，就是基于"过载保护"，通过分析计算，求由 $F_{Q\,max}$ 所导致的最大切应力 $\tau_{Q\,max}$ 及抗剪切安全系数 S_A。

当依靠摩擦传力的螺栓连接，因载荷过大，被夹紧件结合面之间的静摩擦力不足以承受垂直于轴线方向上的横向工作载荷而产生相对滑移失效时，连接变为零件受剪切/挤压而承载。在分析力 F_Q 传递界面和力矩 M_Y 传递界面的数量 q_F、q_M 和位置时，必须考虑到参与被夹紧件相对滑动或螺栓承受剪切的每个内部结合面，而所有不发生相对滑移的结合面均与此无关。由各结合面承载能力的总和可以获得总承载能力。

螺栓承受剪切的横截面上的最大切应力为

$$\tau_{Q\,max} = F_{Q\,max}/A_\tau \tag{7-73}$$

式中 A_τ——横向加载时，螺栓的剪切横截面积。

根据各结合面的位置，螺栓的相关剪切横截面积 A_τ 为

$$A_\tau = d_\tau^2 \pi / 4 \tag{7-74}$$

式中 d_τ——螺栓承受剪切的横截面直径，$d_\tau = d_S$（注：有的 VDI 2230 −1 英文版和中文版为 $d_\tau = d$，请查看德文版原文）或 $d_\tau = d_i$（螺杆部分横截面直径）或 $d_\tau = d_P$（铰制孔螺栓螺杆配合部分横截面直径）。

依据 DIN EN ISO 3506 −1 的不锈钢螺栓，$A_\tau = A_S$。

避免螺栓被剪切破坏的强度条件为

$$\tau_{Q\,max} < \tau_B \tag{7-75}$$

或

$$F_{Q\,max} < \tau_B A_\tau = A_\tau R_m (\tau_B / R_m) \tag{7-76}$$

式中 τ_B / R_m——抗剪强度比，由表 7-3 查得。

R_m——抗拉强度 R_m，根据 DIN EN ISO 898 −1 确定。

表 7-3　螺栓的抗剪强度比[5]

标准	DIN EN ISO 898 −1					DIN EN ISO 3506 −1		
螺栓的性能等级	4.6	5.6	8.8	10.9	12.9	50	70	80
抗剪强度比 τ_B / R_m	0.70	0.70	0.65	0.62	0.60	0.80	0.72	0.68

抗剪切安全系数计算及相应的抗剪强度条件为

$$S_A = \frac{\tau_B}{\tau_{Q\,max}} = \frac{\tau_B A_\tau}{F_{Q\,max}} \geq 1.1 \tag{7-77}$$

具体选用安全系数 S_A 的最小值由用户决定。

螺栓连接在同时承受轴向载荷和横向载荷的情况下，由于二者相互影响，若同时具有 $F_{S\,max}/F_{S\,zul} \geq 0.25$ 和 $F_{Q\,max}/F_{Q\,zul\,S} \geq 0.25$，则还需运用式（7-78）进行综合强度校核[5]。

$$(F_{S\,max}/F_{S\,zul})^2 + (F_{Q\,max}/F_{Q\,zul\,S})^2 \leq 1.0 \tag{7-78}$$

式中 $F_{S\,zul}$、$F_{Q\,zul\,S}$——螺栓的许用拉伸载荷、螺栓的许用剪切载荷。

VDI 2230 −1 中，还对多个螺栓组成的连接系统中，垂直于螺栓轴线方向载荷的分布、螺栓的布局等，以及单个螺栓连接中，挤压应力的分析计算，动态应力分析等，进行了论述，详见参考文献 [5] 5.5.6 节。

7.3　VDI 算法中应力和强度校核编程计算

应力与强度校核包括：

1）装配状态下的许用相当应力 $\sigma_{red,M\,zul}$、许用装配预加载荷 $F_{M\,zul}$ 的计算；确定实际采用的装配预加载荷值（或检验用户给定的装配预加载荷是否合格；若用户给定的是拧紧力矩，则需计算出相应的装配预加载荷值并进行检验），并判断原有的（或选定的）螺栓是否合适。

2）计算工作状态下的相当应力 $\sigma_{red,B}$ 及安全系数 S_F，校核其强度条件（由于通常对螺栓连接的强度要求不得超过屈服强度，故此处未将超屈服强度状态部分列出）。

3）计算交变应力幅 σ_a 或 σ_{ab} 及安全系数 S_D，校核其强度条件。

4）计算表面压力 $p_{M/B\,max}$ 及安全系数 S_P，校核其强度条件。

5）计算并校验螺纹旋合长度 $m_{eff\,min}$（螺栓连接件性能等级配套选用时可省略）。

6）计算抗滑移安全系数 S_G、切应力 $\tau_{Q\,max}$ 及抗剪安全系数 S_A，校核其强度条件。

7）计算螺栓装配预加载荷达到许用值 $F_{M\,zul}$ 时的拧紧力矩 $M_{A\,zul}$。

8）确定实际采用的螺栓装配预加载荷 F_M 所需的拧紧力矩 M_A（若用户提供了合适的拧紧力矩参考值 $M_{A\,ck}$，并且各项校核均取 $M_{A\,ck}$ 作为实际拧紧力矩计算，则舍去此项计算）。

现将上述计算子程序列出供读者参考。

程序中部分符号含义：lsgzk：螺栓杆状况，其值为 1、2、3 时，分别表示表 7-2 中的第 1、2、3 种情况。

参考程序：对应于计算步骤 R7、R8、R9、R10、R11 和 R12 中的 $\sigma_{red,M\,zul}$、$F_{M\,zul}$、$\sigma_{red,B}$、S_F、$\sigma_{a/ab}$、S_D、$p_{M/B\,max}$、S_P、$m_{eff\,min}$、S_G、τ_{Qmax}、$M_{A\,zul}$ 和 M_A 相关计算和校核的 MATLAB 子程序。

针对 9.2 节例题，程序运行中输入参数及说明：

1）螺栓杆状况：3　（正常杆螺栓）。

2）螺栓应力截面积（单位：mm²）：157。

3）查表获得许用装配预加载荷（单位：N）请输入 F_{MTab} 值：118800。

```
% SYLQDJH 应力强度校核
clc
clear all
```

```
format long g
% 输入已知量
d = 16;
Rpmin = 900.0;
v = 0.9;
p = 2.0;
ugmin = 0.12;                    % 螺纹摩擦系数
ukmin = 0.12;
dw = 22.49;
Da = 17.3;
dha = 17.5;
dh = 17;
da = 17.7;
hs = 0;
cb = 1;                          % 查表获得许用装配预加载荷
AS = 157;
dfvth = 0.0;                     % 温度变化影响
MAck = 207;                      % 用户给定的参考拧紧力矩（单位：N·m）
FMmax = 78626.94;
FMzul = 118800;
ljjpt = 1;                       % 螺栓连接件配套使用
xn = 0.0954;
FAmax = 9418.45;
FSAo = 3340.95;
FSAu = 1759.76;
PG = 600;
PG1 = PG;
PG2 = PG;
tB = 620;
aA = 1.4;
FZ = 12419.09;
FQmax = 9519.45;                 % 横向总载荷（单位：N）
Mymax = -3982.39;               % 绕螺栓轴线的扭矩 $M_Y$（单位：N·mm）
Mrmax = abs(Mymax);             % 绕螺栓轴线的扭矩 $M_Y$（单位：N·mm）取
                                  正值
```

```
qf = 1.00;                          % 传递横向力的界面数
utmin = 0.28;                       % 被夹紧界面最小摩擦系数
qm = 1.00;                          % 传递扭矩的界面数
ra = 11.61;                         % 扭矩 M_Y 作用时被夹紧件的摩擦半径（mm）
SFGD = 1;
SDGD = 1.2;
SPGD = 1;
SGGD = 1.2;
SAGD = 1.1;


% 计算相关参数
dwa = dw + 1.6 * hs;
Dk1 = max(Da, dha);
Dk2 = max(Dk1, dh);
Dk3 = max(Dk2, da);
Dki = Dk3;
Dkm = (dw + Dki)/2;
xx = xn;                            % 载荷系数
aredmzul = v * Rpmin;               % 装配应力 σ_red,Mzul
d2 = d - 0.6495 * p;                % 螺纹中径螺纹标准
d3 = d - 1.0825 * p;                % 螺纹小径
ds = (d2 + d3)/2;                   % 螺纹应力横截面直径
aAsv = 0.85 * (150/d + 45);         % 按热处理前滚丝无限寿命疲劳极限应力幅 σ_ASV
aAs = aAsv;


% 装配应力、许用装配预加载荷的计算校验螺栓尺寸
lsgzk = input('请输入螺栓杆状况')
if lsgzk = =4                       % 特殊螺栓杆(如中空等)需根据具体情况另行
                                      计算
    d0 = input('请输入 d_0 ')
    A0 = input('请输入 A_0 ')
end
if lsgzk = =1
    dimin = input('请输入螺栓无螺纹杆部最小直径')
```

```
    d0 = dimin;
    if lsgzk = = 2
        dT = input('请输入腰状杆螺栓杆部直径')
        d0 = dT;
    end
    A0 = (pi * d0 * d0)/4;
else
    d0 = ds;
        AS = input('请根据螺栓公称直径查 VDI 2230 - 1: 2015 表 A11 输入螺栓
应力截面积(单位: mm * mm)')
    A0 = AS;
end


if cb = = 1
    fprintf('查表获得许用装配预加载荷(单位:N)')
    FMzul = input('请输入 F_{MTab}值')
else
    FMzul = v * A0 * Rpmin/sqrt(1 + 3 * (1.5 * d2/d0 * (p/(pi * d2) + 1.155 *
ugmin))^2);     % 许用装配预加载荷
    if tsg = = 1                                    % 特殊螺栓杆,不能套用公式计
                                                        算 F_{M zul}
        fprintf('特殊螺栓杆(如中空等)需根据具体情况另行计算 F_{M zul}后输入')
        FMzul = = input('请输入 F_{M zul}值')
    end
end
    fprintf('许用装配预加载荷(单位: N)')
    FMzul = roundn(FMzul, - 2)


FMzull =  FMzul;                               % 将许用装配预加载荷保存并区
                                                    别于用户推荐值


if FMzul > = FMmax
    fprintf('采用的螺栓尺寸符合要求')
else
    fprintf('采用的螺栓尺寸不符合要求,请重新设计计算')
```

```
        close
   end


   if MAck = =0
     FM = FMzul;
        fprintf('以下按许用装配预加载荷 F_{M zul} 计算')
   else
     FMck = 10^3 * MAck/(0.16 * p + 0.58 * d2 * ugmin + (Dkm/2) * ukmin);
% 由用户给定拧紧扭矩 M_{Ack} 得参考装配预加载荷(N)
     if FMck > = FMmax&FMck < = FMzul   % 若用户给定的装配预加载荷不小
                                       于 F_{M max} 且不大于 F_{M zul} 则装配
                                       预加载荷符合要求
     fprintf('用户给定的拧紧扭矩符合要求, 以下按此拧紧扭矩求得的装配预
加载荷 F_{Mck} 计算')
        FMzul = FMck;
        FM = FMzul;
        fprintf('装配预加载荷（单位:N)')
        FMck = roundn(FMck, -2)
     else
        fprintf('用户提供的装配预加载荷 F_{Mck} 不符合要求, 请采取改进措施重
新计算')
        close
     end
   end


% 工作状态下的相当应力 σ_{red,B} 及安全系数 S_F
FSmax = FMzul + xx * FAmax;
MG = FMzul * 0.5 * d2 * (p/(pi * d2) + 1.155 * ugmin);
Wp = d0 * d0 * d0 * pi/16;
tmax = MG/Wp;
azmax = FSmax/A0;
aredB = sqrt(azmax * azmax + 3 * (0.5 * tmax) * (0.5 * tmax));
SF = Rpmin/aredB;
fprintf('相当工作应力 σ_{red},B(单位:MPa)')
aredB = roundn(aredB, -2)
```

```
fprintf ('安全系数 SF')
SF = roundn(SF, −2)
if SF > SFGD
    fprintf ('安全系数 SF > SFGD合格')
    fprintf (' ')
else
    fprintf ('安全系数 SF ≤ SFGD不合格')
        fprintf (' ')
end
% 交变应力幅 σa 及安全系数 SD
aa = (FSAo − FSAu) /(2 * AS);          % 应力幅值 σa

FSm = FMzul + (FSAo + FSAu)/2;
F02min = Rpmin * A0;
Jy = FSm/ F02min;
if Jy < 0.3
    error ('疲劳极限应力幅计算式不适用')
else
    if Jy > 1
        error ('疲劳极限应力幅计算式不适用')
    end
end
if Jy == 1
    error ('疲劳极限应力幅计算式不适用')
end

SD = aAs/aa;
fprintf ('交变应力幅 σa (单位:MPa) ')
aa = roundn( aa, −2)
fprintf ('安全系数 SD')
SD = roundn(SD, −2)
if SD > SDGD
    fprintf ('安全系数 SD > SDGD合格')
    fprintf ('   ')
else
```

```
fprintf ('安全系数 S_D ≤ S_DGD 不合格')
    fprintf ('    ')
end
% 确定表面压力 p_max 及安全系数 S_p
Apmin = pi * ( dwa – Dki ) * ( dwa + Dki )/4 ;
PMmax = FM/Apmin ;


if dfvth < 0
    dfvthpp = 0 ;              % 代入值
else
    dfvthpp = dfvth ;
end


FVmax = FMzul – FZ –  dfvthpp ;
FSAmax = xx * FAmax ;


if dfvth > 0
    dfvthpp = 0 ;              % 代入值
else
    dfvthpp = dfvth ;
end


PBmax = ( FVmax + FSAmax – dfvthpp )/Apmin ;
SP1c1 = PG1/PMmax ;
SP2c1 = PG1/PBmax ;
SP1c2 = PG2/PMmax ;
SP2c2 = PG2/PBmax ;
fprintf ('表面压力 p_Mmax、p_Bmax ( 单位 : MPa) ')
PMmax = roundn ( p_Mmax , –2)
PBmax = roundn ( p_Bmax , –2)
fprintf ('安全系数 S_P1c1、S_P2c1、S_P1c2、S_P2c2 ')
SP1c1 = roundn ( SP1c1 , –2)
SP2c1 = roundn ( SP2c1 , –2)
SP1c2 = roundn ( SP1c2 , –2)
SP2c2 = roundn ( SP2c2 , –2)
```

```
SPX1 = min (SP1c1, SP2c1);
SPX2 = min (SPX1, SP1c2);
SPX3 = min (SPX2, SP2c2);
SPX = SPX3
if SPX > SPGD
    fprintf ('安全系数 S_PX > S_PGD 合格')
    fprintf ('   ')
else
    fprintf ('安全系数 S_PX ≤ S_PGD 不合格')
        fprintf ('   ')
end


%  确定最小旋合长度 m_eff min
if ljjpt = = 1
    fprintf ('螺栓连接件配套使用, 不必校核最小旋合长度 m_eff min')
else
    fprintf ('调用最小旋合长度 m_eff min 计算子程序')
    %  此处省略
end


%  确定抗滑移安全系数 S_G、最大切应力 τ_Qmax 和抗剪安全系数 S_A
At = AS;


if dfvth < 0
    dfvthpp = 0;              %  代入值
else
    dfvthpp = dfvth;
end


FKRmin = FMzul/aA - (1 - xx) * FAmax - FZ - dfvthpp;
FkQerf = FQmax/(qf * utmin) + Mrmax/(qm * ra * utmin);        %  最小夹紧
                                                                载荷

SG = FKRmin/FkQerf;
tQmax = FQmax/At;
SA = tB/tQmax;
```

```
fprintf ('抗滑移安全系数 SG')
SG = roundn (SG, -2)
if SG > SGGD
    fprintf ('安全系数 SG > SGGD合格')
    fprintf ('    ')
else
    fprintf ('安全系数 SG ≤ SGGD不合格')
    fprintf ('    ')
end


fprintf ('最大切应力 τQmax (单位:MPa) ')
tQmax = roundn(tQmax, -2)
fprintf ('抗剪安全系数 SA')
SA = roundn (SA, -2)
if SA > SAGD
    fprintf ('安全系数 SA > SAGD合格')
    fprintf ('    ')
else
    fprintf ('安全系数 SA ≤ SAGD不合格')
     fprintf ('    ')
end


% 确定拧紧力矩 MAzul (若有 MAck 则输出)
MAzul = FMzull * (0. 16 * p + 0. 58 * d2 * ugmin + (Dkm/2) * ukmin) /10^3 ;
if MAck = =0
    fprintf ('螺栓装配预加载荷达到许用值 FMzul时的拧紧力矩 (单位: N·m) ')
     MAzul = roundn (MAzul, -2)
else
    fprintf ('用户提供的拧紧力矩参考值 (单位: N·m) ')
    MAck = roundn(MAck, -2)
    fprintf ('螺栓装配预加载荷达到许用值 FMzul时的拧紧力矩 (单位: N·m) ')
    MAzul = roundn(MAzul, -2)
end
```

运行结果：

　　请输入螺栓杆状况 3

lsgzk = 3

请根据螺栓公称直径查 VDI 2230 – 1: 2015 表 A11 输入螺栓应力截面积（单位: mm * mm）157

AS = 157

查表获得许用装配预加载荷（单位: N）请输入 F_{MTab} 值 118800

FMzul = 118800

许用装配预加载荷（单位: N）

FMzul = 118800

采用的螺栓尺寸符合要求

用户给定的拧紧扭矩符合要求，以下按此拧紧扭矩求得的装配预加载荷 F_{Mck} 计算

装配预加载荷（单位: N）

FMck = 81211. 83

相当工作应力 $\sigma_{red, B}$（单位: MPa）

aredB = 548. 37

安全系数 SF

SF = 1. 64

安全系数 $S_F > S_{FGD}$ 合格

交变应力幅 σa（单位: MPa）

aa = 5. 04

安全系数 S_D

SD = 9. 18

安全系数 $S_D > S_{DGD}$ 合格

表面压力 p_{Mmax}、p_{Bmax}（单位: MPa）

p_{Mmax} = 537. 13

p_{Bmax} = 460. 93

安全系数 S_{P1c1}、S_{P2c1}、S_{P1c2}、S_{P2c2}

SP1c1 = 1. 12

SP2c1 = 1. 3

SP1c2 = 1. 12

SP2c2 = 1. 3

SPX = 1. 12

安全系数 $S_{PX} > S_{PGD}$ 合格

螺栓连接件配套使用，不必校核最小旋合长度 $m_{eff\,min}$

抗滑移安全系数 S_G

SG = 1.05

安全系数 $S_G \leqslant S_{GGD}$ 不合格

最大切应力 τ_{Qmax}（单位：MPa）

tQmax = 60.63

抗剪安全系数 S_A

SA = 10.23

安全系数 $S_A > S_{AGD}$ 合格

用户提供的拧紧力矩参考值（单位：N·m）

MAck = 207

螺栓装配预加载荷达到许用值 F_{Mzul} 时的拧紧力矩（单位：N·m）

MAzul = 302.81

本章小结

本章重点讨论了 VDI 算法中的装配应力、工作应力、交变应力、螺栓头和螺母支承面的表面压力、连接横向承载能力的相关计算及相应的安全系数校验，螺纹旋合长度的计算及校验，并与机械设计计算法进行了对比。编制了与此相关的 MATLAB 子程序。

第8章　提高螺栓连接工作可靠性的设计措施

为使螺栓连接能够可靠、持久地正常工作，分析其影响因素，从而提出相应的措施，对科学地设计和合理地使用螺栓连接具有重要的意义。

影响螺栓连接工作性能的因素有很多，如：连接零部件的材料及其机械性能、结构、尺寸参数、制造和装配工艺；螺纹牙受力分配、附加应力、应力集中、应力幅等。VDI算法在第6章从螺栓连接的耐久性和螺栓连接的松弛失效两方面定性分析了提高螺栓连接工作可靠性的相关措施[5]。

8.1　螺栓连接的耐久性

通过合理的设计，螺栓连接的耐久性可以通过以下三个基本措施来得到提高：

1）降低螺栓的载荷（合理的螺栓连接系统设计）。

2）降低螺栓的应力（合理的单个螺栓连接设计）。

3）提高螺栓的承载能力（选用具有合适的材料性能的螺栓）。

螺栓连接系统的整体结构，包括螺栓的布局、数目等，决定了传递到该系统中各单个螺栓连接上的工作载荷的比例。故合理地设计螺栓连接系统，将使得所设计的螺栓连接系统在承受同样的载荷下，降低其中承载状况最为不利的单个螺栓的载荷，从而使设计趋于最佳。现以参考文献［5］表1中"被夹紧件为圆柱体的单螺栓连接"为例，对提高此类BJ的耐久性设计指南[5]进行分析讨论，见表8-1。

表8-1　被夹紧件为圆柱体的BJ设计指南

序号	设计指南	不利设计	有利设计	注释
1	预加载荷： 通过以下措施使预加载荷尽可能高：①较高的强度等级；②精确的拧紧方法；③较低的摩擦系数 μ_G	低预加载荷	高预加载荷（使用拧紧系数 α_A 小的拧紧方法）	在满足装配应力小于等于许用值的前提下，选用较高的预加载荷，可增强连接的刚性、紧密性、抗滑移和防松能力，提高螺栓的疲劳强度

（续）

序号	设计指南	不利设计	有利设计	注释
2	柔度比： 可能时，采用螺栓的柔度远大于被夹紧件的柔度 $\delta_S \gg \delta_P$。（在可能的情况下，使用腰状杆螺栓）	被夹紧件为直径小的细窄圆筒	被夹紧件为直径较大的圆柱 $G = d_W + h_{min}$	被夹紧件直径大，则 δ_P 减小；腰状杆螺栓：δ_S 增大。当 $\delta_S \gg \delta_P$ 时： $\dfrac{\delta_P}{\delta_S + \delta_P}$ 减小，载荷系数 Φ 减小，F_{SA} 减小，σ_a（或 σ_{ab}）减小，连接强度增大
3	夹紧情况： 螺栓轴线至虚拟横向对称变形体轴线的偏心距离应尽可能小（特别是在同心加载的情况下）	大偏心量 s_{sym}	小偏心量 s_{sym}	减小 s_{sym}： 夹紧件弯曲变形减小，受力状况改善，连接强度增大
4	加载情况： 在 $a > s_{sym}$ 的情况下，较小的偏心量 a 通常导致较低的附加螺栓载荷	大偏心量 a	小偏心量 a	减小 a： δ_P^{**} 减小，Φ 减小，F_{SA} 减小；受力状况改善，连接强度增大
5	载荷引入高度： 载荷的施加位置要尽可能接近结合面，即载荷引入高度 h_K 尽可能小	在离结合面较远的上部加载	在结合面附近加载	减小 h_K： n 减小，Φ 减小，F_{SA} 减小；受力状况改善，连接强度增大

几点说明：

1）由 5.1.2 节载荷系数 Φ 的定义可知，在螺栓连接承受相同的轴向工作载荷 F_A 的情况下，由于附加螺栓载荷 $F_{SA} = \Phi F_A$，故决定载荷系数 Φ 的主要因素——螺栓的拉伸柔度 δ_S 与被夹紧件的拉伸柔度 δ_P 的比值十分重要。由 5.2 节

表5-1和5.3节表5-2 可知：δ_S 越大（即螺栓越柔），δ_P 越小（即被夹紧件越刚），则相对应的 $\dfrac{\delta_P}{\delta_S + \delta_P}$ 越小，$\varPhi$ 越小，因此 F_{SA} 也越小。

2）偏心加载时，惯性矩 I_{Bers} 对螺栓载荷具有相当大的影响，另外，螺栓的弯曲柔度 β_S 对应力的影响也很重要，故小直径螺栓在此具有优势。

3）缺口和载荷引入将产生应力峰值[1]。在螺纹的牙根和收尾、螺栓头部与螺栓杆交接处，均有应力集中。特别是在旋合螺纹的牙根处，由于螺栓杆受拉伸，螺纹牙受弯剪，且受力不均，情况更为严重。适当加大牙根圆角半径，螺纹收尾处采用退刀槽等，具有良好的效果。相关内容见参考文献 [1] 2.2 节、3.3 节和6.5 节。

4）采取调整螺纹载荷分配上应力差值的措施，如：采用悬置螺母、内斜螺母或环槽螺母；采用钢螺栓配用有色金属螺母；应用钢丝螺套等，可较大幅度地减轻首个受力螺纹牙的载荷，均衡螺纹牙受力，提高螺栓疲劳强度[1]。

5）为提高螺栓连接的动态性能，选用热处理后滚制螺栓。

总之，可采用有关几何形状尺寸、材料、装配等方面的各种措施，通过降低螺栓的载荷和应力、提高螺栓连接的承载能力等方法，提高 BJ 的使用可靠性。表8-2 结合 VDI 2230 – 1 中给出的相应设计信息[5]进行了分析加注。

表8-2 提高 BJ 工作可靠性的措施

项目及内容			注 释
目的	1		降低螺栓的载荷	—
	2		降低螺栓的应力	—
		3	提高螺栓连接的承载能力	—
螺栓连接				
几何形状	+		形成对称压缩锥（$s_{sym} = 0$）	同心夹紧，改善受力状况，$\varPhi$ 减小，F_{SA} 减小
	+		通过形成压缩锥至 G 或 G' 来降低 δ_P 和 β_P	使得 $\varPhi$ 减小，F_{SA} 减小
	+		通过在结合面的完全接触来降低 δ_P 和 β_P	使得 $\varPhi$ 减小，F_{SA} 减小
	+		增加螺栓的数量	降低单个螺栓的载荷
	+		加载接近对称轴（$a \rightarrow 0$）	尽量同心加载，改善受力状况
	+		偏心加载时尽量达到平行变形	改善受力状况，降低螺栓载荷
	+		载荷引入靠近结合面（$n \rightarrow 0$）	使得 $\varPhi$ 减小，F_{SA} 减小
	+		当工作载荷 F_A 超出单侧离缝载荷 F_{Aab} 时，产生支撑效应（$v = G/2$）	参见5.4节及参考文献 [5] 附录D，在单侧离缝的情况下，降低螺栓载荷

（续）

			项目及内容	注　释
			螺栓连接	
	+		两端的支承表面平行以减少弯曲负载	改善受力状况，降低螺栓载荷
	+		在结合面通过高摩擦系数 μ_T 或附加承受横向载荷的减载零件来避免连接件之间发生横向位移	使紧螺栓连接处于正常工作状态，避免螺栓承受源自横向力的剪切
	+	+	采用数量少的结合面和 R_Z 值低的连接元件，以减少嵌入造成的预加载荷损失	使 f_Z 减小，从而 $F_Z = \dfrac{f_Z}{(\delta_S + \delta_P)}$ 减小，以降低螺栓的载荷和螺栓应力
			螺栓和螺母	
几何形状	+		采用抗疲劳杆部（螺栓）以增加 δ_S	螺栓轴向柔度 δ_S 增大，则 $\dfrac{\delta_P}{\delta_S + \delta_P}$ 减小，$\varPhi$ 减小，F_{SA} 减小；螺栓受力时变形大，吸收能量作用强
	+	+	采用抗疲劳杆部（螺栓）以增加 β_S	螺栓弯曲柔度 β_S 增大，则改善受力状况，降低螺栓的载荷和应力
		+	通过应用较小的螺纹直径来利用尺寸对疲劳强度的影响	其他条件相同时，尺寸越大，对零件疲劳强度的不良影响越显著（见参考文献 [1] 3.3.2 节）
	+		通过高 δ_S 减少嵌入造成的预加载荷损失	由于 $F_Z = \dfrac{f_Z}{(\delta_S + \delta_P)}$，因此提高 δ_S 可导致降低 F_Z
		+	通过调整螺纹副配合、旋合长度和螺母形状，以优化螺纹载荷分布	均匀螺纹牙受力分配，趋于等强度设计，以降低螺栓应力
	+	+	在螺钉连接中，被夹紧件螺纹孔采用沉孔	使结合面的应力分布趋于均匀以降低螺栓的载荷和应力
			螺栓连接	
材料	+		提高被夹紧件的杨氏模量以降低 δ_P	由于 $\delta_P = \displaystyle\int_{y=0}^{y=l_K} \dfrac{\mathrm{d}y}{E_P(y) \cdot A(y)}$，因此增大 $E_P(y)$，将导致 δ_P 减小，$\dfrac{\delta_P}{\delta_S + \delta_P}$ 减小，$\varPhi$ 减小，螺栓的载荷减小
		+	通过适当的热膨系数来减少热应力	使 $F_{S\,max}$ 减小，$\sigma_{S\,max}$ 减小

（续）

项目及内容				注　释
			螺栓和螺母	
材料	+		降低螺栓和螺母的杨氏模量以提高 δ_S 和 β_S	由于 $\delta_S = \sum \dfrac{l_{Si}}{E_{Si/Mi} \cdot A_{Si}}$，因此 $E_{Si/Mi}$ 减小，则 δ_S 增大，$\dfrac{\delta_P}{\delta_S + \delta_P}$ 减小，Φ 减小，螺栓的载荷减小；同理，β_S 增大，则改善受力状况，降低螺栓的载荷
		+	通过低强度或低杨氏模量螺母来优化螺纹载荷分布	螺母材料强度低、杨氏模量低可改善螺纹牙受力分配（见参考文献 [1] 6.5.1 节），从而降低螺栓应力
		+	避免边缘渗碳	避免由边缘渗碳引起的螺纹牙尖边缘脆性增加而导致螺纹脱扣风险增大
		+	使用高强度螺栓	提高螺栓承载能力
		+	使用热处理后滚丝的螺栓	热处理后滚丝螺栓的疲劳强度高：$\sigma_{ASC} > \sigma_{ASV}$
			螺栓和螺母	
装配	+		通过高预加载荷避免横向剪切和确保密封功能	保证足够的残余预加载荷
	+		通过高强度螺栓和超过弹性极限拧紧增加预加载荷	提高残余预加载荷
	+		通过低 μ_G 或无扭矩拧紧增加预加载荷和降低扭转载荷	减小 μ_G，则 $F_{M\,zul}$（或 $F_{M\,Tab}$）增大；无扭矩拧紧无摩擦，故无 M_G、M_K，装配预加载荷值的离散程度小。因此可提高螺栓承载能力

8.2　螺栓连接的松弛

螺栓连接在使用中可能会部分或全部丧失预加载荷。针对不同的起因，可以采取不同的措施进行防范[5]：

1) 减少由于嵌入而造成的松弛：减少界面数量、应用 R_Z 值小的界面（参见表 6-3）；在螺母与被夹紧件之间加装弹性元件（但不能因预加载而压缩至阻滞长度）；提高预加载荷；增大螺栓柔度、降低被夹紧件柔度等。

2) 避免由于螺栓或被夹紧件因蠕变或松弛而产生的螺栓连接的"放松"：适当选择材料和采用适当的设计措施，如：防止表面压力超过限制值；降低材料关键区域上的应力等。

3）避免源于预加载荷和螺距的内松弛扭矩消除螺纹的自锁效应：BJ 自转动松弛是由于螺纹摩擦系数严重降低，或由动态横向载荷或绕螺栓轴线的动态力矩所造成的，故通过适当的防松元件可以限制或避免因转动而产生的松弛（见参考文献［5］的表 A14）。

4）限制可能发生的横向或周向位移以克服松脱：增加预加载荷和/或采取适当的设计措施。

经验表明，结合面数量少，且夹紧长度比为 $l_K/d \geqslant$（3～5）的高预加载荷 BJ，不用采取其他措施就能防止螺栓松脱。

本章小结

本章从提高螺栓连接的耐久性和避免螺栓连接的松弛两方面探析了 VDI 算法提高螺栓连接工作可靠性的设计思想、方法和措施。本章内容主要为定性分析，与其相关的定量分析，可参考前几章的相应内容。

第9章　VDI 算法的计算步骤及实例

9.1　计算步骤

应用 VDI 算法进行单个螺栓连接的分析计算，其给定的条件为：螺栓连接的功能、载荷、几何形状、材料、强度等级、螺栓连接元件的表面状况、拧紧工艺、拧紧工具等。

计算过程主要分成三大部分：

1. 分析计算数据准备

R0：确定螺栓的公称直径 d 和螺栓连接结合面尺寸的限制值 G（或 G'）。

R1：确定拧紧系数 α_A。

R2：确定所需的最小夹紧载荷 F_{Kerf}。

2. 螺栓连接的载荷 – 变形关系计算

R3：将工作载荷划分为 F_{SA} 和 F_{PA}，确定 δ_S、δ_P、n 和 Φ。

R4：确定预加载荷的变化 F_Z、$\Delta F'_{Vth}$。

R5：确定最小装配预加载荷 $F_{M\,min}$。

R6：确定最大装配预加载荷 $F_{M\,max}$。

3. 应力计算及强度校核

R7：确定与装配应力相关的 $\sigma_{red,M}$、$F_{M\,zul}$；校核螺栓尺寸。

R8：确定工作状态下的相当应力 $\sigma_{red,B}$，校核安全系数 S_F。

R9：确定交变应力幅 σ_a 或 σ_{ab}，校核安全系数 S_D。

R10：确定表面压力 p_{max}，校核安全系数 S_P。

R11：计算或/和校验螺纹最小旋合长度 $m_{eff\,min}$。

R12：确定抗滑移安全系数 S_G；计算过载时最大切应力 $\tau_{Q\,max}$，校核安全系数 S_A。

R13：确定拧紧扭矩 M_A。

为了便于查找应用，现将 VDI 2230 – 1[5] 中的计算步骤 R0 ~ R13 整理列表如下，见表 9-1 ~ 表 9-14。受篇幅所限，表中仅列出主要参数的计算公式或选取依据，更为详尽的内容，可按表中"参照内容"进行查阅。

表 9-1　R0 确定螺栓的公称直径 d，校核螺栓连接结合面尺寸 G/G'

符号	意义	选取依据/计算公式		参照内容及备注
d	螺栓的公称直径	参考文献 [5] 表 A7		
c_T	垂直于宽度 b 的结合面区域尺寸	TBJ：$c_T \leqslant G$	$G = h_{min} + d_W$	2.2.3
		TTJ：$c_T \leqslant G'$	$G' \approx (1.5 \sim 2) d_W$	偏心夹紧、偏心加载时校核

表 9-2　R1 确定拧紧系数 α_A

符号	意义	选取依据	参照内容
α_A	拧紧系数 $\alpha_A = F_{M\,max}/F_{M\,min}$	参考文献 [5] 表 A8 屈服控制拧紧和转角控制拧紧：$\alpha_A = 1$	6.2.3
μ_G	螺纹摩擦系数	参考文献 [5] 表 A5	
μ_K	螺杆头部支承区域的摩擦系数	参考文献 [5] 表 A5	
	摩擦系数等级	参考文献 [5] 表 A5	

表 9-3　R2 确定所需的最小夹紧载荷 F_{Kerf}

符号	意义	计算公式/取值依据及要求	参照内容
F_{Kerf}	最小夹紧载荷	$F_{Kerf} \geqslant \max\,(F_{KQ};\ F_{KP} + F_{KA})$	6.2.1
F_{KQ}	通过摩擦力传递横向载荷和/或扭矩的最小夹紧载荷	$F_{KQ} = \dfrac{F_{Q\,max}}{q_F \mu_{T\,min}} + \dfrac{M_{Y\,max}}{q_M r_a \mu_{T\,min}}$	6.2.1
F_Q	横向载荷		
q_F	靠摩擦传递横向力 F_Q 的结合面数		
μ_T	结合面静摩擦系数	参考文献 [5] 表 A6	
M_Y	绕螺栓轴线的扭矩		
q_M	靠摩擦传递扭矩 M_Y 的结合面数		
r_a	M_Y 作用时，被夹紧件的摩擦半径		
F_{KP}	确保密封功能的最小夹紧载荷	$F_{KP} = A_D p_{i,max}$	6.2.1
A_D	密封区域面积（最大结合面面积减去螺栓通孔面积）		
$p_{i,max}$	密封内部最大压力		
F_{KA}	离缝极限时的最小夹紧载荷	$F_{KA} = F_{Kab}$	6.2.1
F_{Kab}	离缝极限时的残余夹紧载荷	$F_{Kab} = F_A \dfrac{A_D\,(au - s_{sym}u)}{I_{BT} + s_{sym}u A_D} + M_B \dfrac{u A_D}{I_{BT} + s_{sym}u A_D}$	5.4
F_A	螺栓连接的轴向工作载荷		

（续）

符号	意义	计算公式/取值依据及要求	参照内容
M_B	作用于螺栓连接点的工作力矩		
u	开缝点 U 与虚拟横向对称变形体轴线之间的距离		5.4
s_{sym}	螺栓轴线与虚拟横向对称变形体轴线之间的距离		2.2.1 2.2.3
I_{BT}	结合面区域惯性矩		5.4
a	轴向工作载荷 F_A 的等效作用线与虚拟横向对称变形体轴线之间的距离	$a > 0$	4.1

表9-4　R3 确定 δ_S、δ_P、n 和 Φ，将工作载荷分为 F_{SA} 和 F_{PA}

符号	意义	计算公式/取值依据及要求	参照内容
δ_S	螺栓的柔度	$\delta_S = \delta_{SK} + \delta_1 + \delta_2 + \cdots + \delta_{Gew} + \delta_{GM}$	3.1.1
δ_P	同心夹紧和同心加载被夹紧件的柔度	$\delta_P = \dfrac{2}{w}\delta_P^V + \delta_P^H$	3.2.3
δ_{PZu}	螺钉连接被夹紧件的补充柔度	$\delta_{PZu} = (w-1)\delta_M$	5.2
δ_P^*	偏心夹紧时被夹紧件的柔度	$\delta_P^* = \delta_P + \dfrac{s_{sym}^2 l_K}{E_P I_{Bers}}$	3.2.3
δ_P^{**}	偏心夹紧、偏心加载时被夹紧件的柔度	$\delta_P^{**} = \delta_P + \dfrac{a s_{sym} l_K}{E_P I_{Bers}}$	3.2.3
n	描述 F_A 引入点对螺栓头部位移影响的载荷引入系数	见表4-1	4.2.4
Φ	载荷系数，相对柔度系数	$\Phi = \dfrac{F_{SA}}{F_A}$ （$F_A \neq 0$，$M_B = 0$ 时）	5.1.2
Φ_n	载荷引入点位于被夹紧件内时，同心夹紧、同心加载作用的载荷系数	$\Phi_n = n\dfrac{\delta_P + \delta_{PZu}}{\delta_S + \delta_P}$	5.2
Φ_{en}^*	载荷引入点位于被夹紧件内时，偏心夹紧、偏心加载作用的载荷系数	$\Phi_{en}^* = n\dfrac{\delta_P^{**} + \delta_{PZu}}{\delta_S + \delta_P^*}$	5.2
F_{SA}	轴向附加螺栓载荷	$F_{SA} = \Phi_{en}^* \cdot F_A$ （$F_A \neq 0$，$M_B = 0$ 时）	5.3
F_{PA}	附加被夹紧件载荷	$F_{PA} = (1 - \Phi_{en}^*)F_A$	5.3

注：有关作为特殊情况的与外部弯矩 M_B 相关的内容详见参考文献［5］5.3 节。

表 9-5　R4 预加载荷的变化 F_Z、$\Delta F'_{Vth}$

符号	意义	计算公式/取值依据	参照内容
F_Z	嵌入导致的预加载荷损失	$F_Z = \dfrac{f_Z}{(\delta_S + \delta_P)}$	6.2.2
f_Z	由嵌入导致的塑性变形，嵌入量	钢制螺栓、螺母和被夹紧件：见表 6-3	6.2.2
$\Delta F'_{Vth}$	温度变化导致的（简化）预加载荷变化；近似附加热载荷	$\Delta F'_{Vth} = \dfrac{l_K(\alpha_S \Delta T_S - \alpha_P \Delta T_P)}{\delta_S \dfrac{E_{SRT}}{E_{ST}} + \delta_P \dfrac{E_{PRT}}{E_{PT}}}$	6.2.2

注：若杨氏模量随温度的变化轻微，附加热载荷可由 $\Delta F'_{Vth}$ 式计算，否则须由参考文献［5］中公式（117）计算 ΔF_{Vth}。还应检查是否会由于松弛导致进一步的预加载荷损失。

表 9-6　R5 确定最小装配预加载荷 $F_{M\,min}$

符号	意义	计算公式	参照内容
$F_{M\,min}$	最小装配预加载荷	$F_{M\,min} = F_{Kerf} + (1 - \Phi^*_{en})F_{A\,max} + F_Z + \Delta F'_{Vth}$	6.2.5

注：若 $\Delta F'_{Vth} < 0$，则取 $\Delta F'_{Vth} = 0$ 代入公式。

表 9-7　R6 确定最大装配预加载荷 $F_{M\,max}$

符号	意义	计算公式	参照内容
$F_{M\,max}$	最大装配预加载荷	$F_{M\,max} = \alpha_A F_{M\,min}$	6.2.3

表 9-8　R7 确定装配应力 $\sigma_{red,M}$ 和 $F_{M\,zul}$（参照 7.2.1），校验螺栓尺寸

符号	意义		计算公式/取值依据及要求
$\sigma_{red,M}$	装配状态下的相当应力		$\sigma_{red,M} = \sqrt{\sigma_M^2 + 3\tau_M^2}$
$F_{M\,zul}$	许用装配预加载荷	方法 1 应用式（7-22）	$F_{M\,zul} = A_0 \dfrac{\nu R_{p0.2min}}{\sqrt{1 + 3\left[\dfrac{3}{2}\dfrac{d_2}{d_0}\left(\dfrac{P}{\pi d_2} + 1.155\mu_{G\,min}\right)\right]^2}}$
		方法 2 查表	当使用最小屈服强度的 90% 时，对正常杆螺栓、腰状杆螺栓可由参考文献［5］表 A1～表 A4 中查取：$F_{M\,zul} = F_{M\,Tab}$
		允许范围	$F_{M\,max} \leqslant F_{M\,zul} \leqslant 1.4 F_{M\,Tab}$
A_0	螺栓相当最小横截面积		正常杆螺栓：取 $A_0 = A_S$，A_S 查参考文献［5］表 A11 腰状杆螺栓及 $d_i < d_S$ 的螺栓：$A_0 = \pi d_0^2/4$
d_0	螺栓相当最小横截面直径		杆径 d_i 小于应力横截面直径 d_S 的螺栓：$d_0 = d_{imin}$ 腰状杆螺栓：$d_0 = d_T$ 正常杆螺栓：$d_0 = d_S$

（续）

符号	意义	计算公式/取值依据及要求
$F_{M\,Tab}$	参考文献 [5] 表A1～表A4（$\nu=0.9$）的装配预加载荷表列值	
$R_{p0.2min}$	螺栓的最小屈服应力	根据 DIN EN ISO 898 - 1 标准
ν	拧紧时屈服强度应力利用系数（危险横截面完全塑性变形限制）	$\nu = \dfrac{\sigma_{red,M\,zul}}{R_{p0.2min}} \leq 1$
$\sigma_{red,M\,zul}$	螺栓装配状态下的许用相当应力	$\sigma_{red,M\,zul} = \nu R_{p0.2min}$

注：1. 如按公式 R0 估算螺栓尺寸，必须应用公式 $F_{M\,zul} \geq F_{M\,max}$ 或 $F_{M\,Tab} \geq F_{M\,max}$ 进行校验。若不满足，则应选较大直径的螺栓，并从 R2 起重新计算。如果无法实现采用更大公称直径的螺栓，则必须采取其他措施，如：选择更高的强度等级或其他的装配方法；减少摩擦或外部载荷；其他设计变化等。

2. 若用户事先已提出选用拧紧力矩的参考值 $M_{A\,ck}$ 时，则应先求得相应的 $F_{M\,ck}$，然后再进行校验，详见 7.2.1 节。

表 9-9　R8 确定工作状态相当应力 $\sigma_{red,B}$，校核安全系数 S_F

符号	意义	计算公式/取值依据及要求	参照内容
$F_{S\,max}$	工作状态下，螺栓拉伸总载荷的最大值	$F_{S\,max} = F_{M\,zul} + \Phi_{en}^* F_{A\,max} - \Delta F_{Vth}$ 若 $\Delta F_{Vth} > 0$，则取 $\Delta F_{Vth} = 0$ 代入上式	7.2.2
$\sigma_{Z\,max}$	工作状态下，螺栓的最大拉伸应力	$\sigma_{Z\,max} = F_{S\,max}/A_0$	7.2.2
τ_{max}	螺栓的最大切应力	$\tau_{max} = M_G/W_P$	7.2.2
M_G	螺纹力矩	$M_G = F_{M\,zul}\dfrac{d_2}{2}\left(\dfrac{P}{\pi d_2} + 1.155\mu_{G\,min}\right)$	7.2.2
W_P	弹性状态下，螺栓的抗扭截面模量	$W_P = \pi\dfrac{d_0^3}{16}$	7.2.1
$\sigma_{red,B}$	工作状态下的相当应力	$\sigma_{red,B} = \sqrt{\sigma_{Z\,max}^2 + 3\left(k_\tau \tau_{max}\right)^2}$ 推荐 $k_\tau = 0.5$	7.2.2
S_F	（防止超过屈服强度）工作应力下的安全系数及强度条件	$S_F = R_{p0.2min}/\sigma_{red,B} \geq 1$ 具体选用安全系数 S_F 的最小值由用户决定	7.2.2
	无扭转切应力时的强度条件	$R_{p0.2min} \cdot A_0 \geq F_{S\,max}$ $S_F = R_{p0.2min}/\sigma_{Z\,max} \geq 1$ 具体选用安全系数 S_F 的最小值由用户决定	7.2.2

注：以上所列为在"不允许超过屈服强度"情况下的分析计算。而超弹性极限拧紧为有意接受超过屈服强度应力，可能会导致工作状态下预加载荷降低，必要时，须校核所需的最小预加载荷和最小夹紧载荷（参见 7.2.2 节）。

表 9-10　R9 确定交变应力幅 σ_a 或 σ_{ab}，校核安全系数 S_D（参照 7.2.3）

符号	意义	计算公式/取值依据及要求	
σ_a	同心夹紧、同心加载时，作用于螺栓上的连续交变应力幅	$\sigma_a = \dfrac{F_{SAo} - F_{SAu}}{2A_S}$	
F_{SAo}	最大轴向附加螺栓载荷		
F_{SAu}	最小轴向附加螺栓载荷		
A_S	依据 DIN 13−28 螺纹应力横截面积	参考文献〔5〕表 A11	
σ_{ab}	偏心夹紧和/或偏心加载时，作用于螺栓上的连续交变应力幅	$\sigma_{ab} = \dfrac{\sigma_{SAbo} - \sigma_{SAbu}}{2}$	
σ_{SAb}	偏心加载和/或偏心夹紧时，由 F_{SA} 和弯矩 M_b 导致的螺栓弯曲拉伸应力	$\sigma_{SAb} = \left[1 + \left(\dfrac{1}{\Phi_{en}^*} - \dfrac{s_{sym}}{a} \right) \dfrac{l_K}{l_{ers}} \dfrac{E_S}{E_P} \dfrac{\pi a d_S^3}{8\, I_{Bers}} \right] \dfrac{\Phi_{en}^* F_A}{A_S}$	
σ_{SAbo}	σ_{SAb} 的最大值		
σ_{SAbu}	σ_{SAb} 的最小值		
S_D	抗疲劳失效安全系数及强度条件	$S_D = \dfrac{\sigma_{AS}}{\sigma_{a/ab}} \geqslant 1.0$	
		推荐 $S_D \geqslant 1.2$；具体选用安全系数 S_D 的最小值由用户决定	
σ_{AS}	无限寿命疲劳极限应力幅		
σ_{ASV}	热处理前滚丝螺栓无限寿命疲劳极限应力幅	$\sigma_{ASV} = 0.85\,(150/d + 45)$	当交变循环次数 $> N_D = 2 \times 10^6$ 时
σ_{ASG}	热处理后滚丝螺栓无限寿命疲劳极限应力幅	$\sigma_{ASG} = (2 - F_{Sm}/F_{0.2min})\,\sigma_{ASV}$	
F_{Sm}	平均螺栓载荷	$F_{Sm} = \dfrac{F_{SAo} + F_{SAu}}{2} + F_{M\,zul}$	
σ_{AZSV}	热处理前滚丝螺栓有限寿命疲劳极限应力幅	$\sigma_{AZSV} = \sigma_{ASV}\,(N_D/N_Z)^{1/3}$	当大于 σ_{AS} 的应力幅的交变循环次数 N_Z 的范围为：$N_D \geqslant N_Z > 10^4$
σ_{AZSG}	热处理后滚丝螺栓有限寿命疲劳极限应力幅	$\sigma_{AZSG} = \sigma_{ASG}\,(N_D/N_Z)^{1/6}$ 若计算得出 $\sigma_{AZSG} < \sigma_{AZSV}$ 则取 $\sigma_{AZSG} = \sigma_{AZSV}$	
N_D	循环基数-疲劳曲线有限寿命区与无限寿命区分界点处交变循环次数	不同材料的 N_D 值不同，参考文献〔5〕中取 $N_D = 2 \times 10^6$	
N_Z	交变循环次数		

注：上述 σ_{ASV} 和 σ_{ASG} 计算式的适用条件为：$0.3 \leqslant F_{Sm}/F_{0.2min} < 1$。

表 9-11　R10 确定表面压力 $p_{\max}$，校核安全系数 S_P（参照 7.2.4）

符号	意义	计算公式/取值依据及要求
$p_{M\max}$	螺栓头部与被夹紧件、螺母与被夹紧件之间装配状态下最大表面压力	$$p_{M\max}=\dfrac{F_{M\,zul}}{A_{p\min}}$$
$p_{B\max}$	螺栓头部与被夹紧件、螺母与被夹紧件之间工作状态下的最大表面压力	$$p_{B\max}=\dfrac{F_{V\max}+F_{SA\max}-\Delta F_{Vth}}{A_{p\min}}$$ 若 $\Delta F_{Vth}>0$，则取 $\Delta F_{Vth}=0$ 代入上式 若 $F_A<0$，则以 $F_{SA\max}=0$ 代入上式
$F_{V\max}$	最大预加载荷	$$F_{V\max}=F_{M\,zul}-F_Z-\Delta F_{Vth}$$ 若 $\Delta F_{Vth}<0$，则取 $\Delta F_{Vth}=0$ 代入上式
$F_{SA\max}$	最大附加螺栓载荷	$$F_{SA\max}=\Phi_{en}^{*}F_{A\max}$$
p_G	极限表面压力，螺栓头部、螺母或垫圈下的最大许用压应力	参考文献〔5〕表 A9
$A_{p\min}$	螺栓头部或螺母承载面积的最小值	平面圆环支承区域：$A_{p\min}=\dfrac{\pi}{4}\left(d_{Wa}^{2}-D_{Ki}^{2}\right)$
d_{Wa}	与被夹紧件接触的垫圈支承平面外径	对于标准垫圈：$d_{Wa}=d_W+1.6h_S$
D_{Ki}	螺栓头部或螺母承载区域平面内径	$D_{Ki}=\max(D_a,d_{ha},d_h,d_a)$
S_P	抗表面压力安全系数及强度条件	$$S_P=\dfrac{p_G}{p_{M/B\max}}\ge1.0$$ 具体选用安全系数 S_P 的最小值由用户决定

注：对屈服强度控制拧紧和转角控制拧紧，表面压力最大值由下式计算

$$p_{\max}=1.4\,\frac{F_{M\,zul}}{A_{p\min}}=1.4\,\frac{F_{M\,Tab}}{A_{p\min}}$$

表 9-12　R11 确定螺纹最小旋合长度 $m_{eff\min}$（参照 7.2.5）

符号	意义	计算公式/取值依据及要求
m_{eff}	螺母有效高度或螺纹旋合长度（内外螺纹相互配合长度）	标准螺纹 M4 ~ M39 查参考文献〔5〕图 36
F_{mS}	螺栓上负载未旋合螺纹部分的断裂力	强度条件： $$F_{mS}\le\min\left(F_{mGM},F_{mGS}\right)$$
F_{mGS}	螺栓外螺纹的临界脱扣力	
F_{mGM}	螺母或内螺纹的临界脱扣力	

注：若螺母的强度等级至少和螺栓的强度等级一致，则配有标准螺母的螺栓连接系统为等强度设计，不必校核最小旋合长度。

表 9-13　R12 确定抗滑移安全系数 S_G 和最大切应力 $\tau_{Q\max}$（参照 7.2.6）

符号	意义	计算公式/取值依据及要求
$F_{KR\min}$	结合面的最小残余预加载荷	$$F_{KR\min}=\dfrac{F_{M\,zul}}{\alpha_A}-\left(1-\Phi_{en}^{*}\right)F_{A\max}-F_Z-\Delta F_{Vth}$$ 若 $\Delta F_{Vth}<0$，则取 $\Delta F_{Vth}=0$ 代入上式

（续）

符号	意义	计算公式/取值依据及要求
$F_{KQ\,erf}$	传递横向载荷和/或扭矩所需的夹紧载荷	$$F_{KQ\,erf} = \frac{F_{Q\,max}}{q_F \mu_{T\,min}} + \frac{M_{Y\,max}}{q_M r_a \mu_{T\,min}}$$
S_G	抗滑移安全系数及强度条件	$$S_G = \frac{F_{KR\,min}}{F_{KQ\,erf}} > 1.0$$ 具体选用安全系数 S_G 的最小值由用户决定，通常静载：$S_G \geqslant 1.2$；F_Q 和/或 M_Y 交变加载：$S_G \geqslant 1.8$
τ_Q	摩擦传递横向载荷和/或扭矩，过载时，螺杆所承受横向载荷 F_Q 导致的切应力	$\tau_Q = F_Q/A_\tau$
τ_B/R_m	剪切比强度	见表 7-3
A_τ	横向加载时，螺栓的剪切横截面积	$A_\tau = d_\tau^2 \pi/4$ 根据 DIN EN ISO 3506 – 1 的不锈钢螺栓，$A_\tau = A_S$
d_τ	横向加载时，螺栓承受剪切的横截面直径	$d_\tau = d_S$ 或 $d_\tau = d_i$（承受横向载荷的螺杆部分横截面）或 $d_\tau = d_P$（铰制孔螺杆配合部分横截面）
R_m	螺栓的抗拉强度	查 DIN EN ISO 898 – 1
τ_B	抗剪强度	$\tau_B = R_m\,(\tau_B/R_m)$
S_A	抗剪安全系数及强度条件	$$S_A = \frac{\tau_B}{\tau_{Q\,max}} = \frac{\tau_B A_\tau}{F_{Q\,max}} \geqslant 1.1$$ 具体选用安全系数 S_A 的最小值由用户决定

注：1. 对于普通紧螺栓连接，原则上要求螺栓和（或）被夹紧件之间不得出现相对运动（滑移）。R12 中所做有关 $\tau_{Q\,max}$ 和 S_A 的分析计算及强度校核，其目的是为了在过载（或铰制孔螺栓）时，可以避免由于剪切而导致的连接失效。

2. 螺栓连接在同时承受轴向载荷和横向载荷的情况下，若同时具有 $F_{S\,max}/F_{S\,zul} \geqslant 0.25$ 和 $F_{Q\,max}/F_{Q\,zul\,S} \geqslant 0.25$，则还需运用公式 $(F_{S\,max}/F_{S\,zul})^2 + (F_{Q\,max}/F_{Q\,zul\,S})^2 \leqslant 1.0$ 进行综合强度校核。

表 9-14　R13 确定对应于 $F_{M\,zul}$ 的拧紧力矩 $M_{A\,zul}$（参照 6.2.3）

符号	意义	计算公式/取值依据及要求
$M_{A\,zul}$	螺栓装配预加载荷达到 $F_{M\,zul}$ 时的拧紧力矩	参考文献 [5] 的表 A1 ~ 表 A4（用于 $\nu = 0.9$）$$M_{A\,zul} = F_{M\,zul}\left(0.16P + 0.58 d_2 \mu_{G\,min} + \frac{D_{Km}}{2} \mu_{K\,min}\right)$$
D_{Km}	螺杆头部或螺母承载区域摩擦力矩的有效直径	$$D_{Km} = \frac{(d_W + D_{Ki})}{2}$$
$M_{A,S}$	采用防松元件时的拧紧扭矩	$M_{A,S} = M_{A\,zul} + M_{\ddot{U}} + M_{KZu}$
$M_{\ddot{U}}$	过度拧紧力矩	
M_{KZu}	附加螺栓头部力矩	

9.2 计算实例

同心夹紧单螺栓连接实例示意图如图 9-1 所示，参照 VDI 2230 − 1[5] 及 9.1
节的计算步骤，进行分析计算，计算过程见表 9-15 ~ 表 9-31。

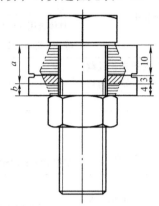

图 9-1 同心夹紧单螺栓连接实例示意图 （同心加载 载荷未标出）

表 9-15 已知条件

	名称	符号	已知条件或参数值
螺栓	型号		M16 ×50
	螺栓公称直径（螺纹外径）	d	16mm
	螺杆长度	l_1	50mm
	正常杆螺栓		
	螺栓的杨氏模量	E_S	206000MPa
	热处理前滚丝		
	螺栓屈服强度	$R_{p0.2}$	900MPa
被夹紧件	第 1 层被夹紧件厚度	l_{K1}	10mm
	第 2 层被夹紧件厚度	l_{K2}	3mm
	第 3 层被夹紧件厚度	l_{K3}	4mm
	（3 层）被夹紧件总厚度	l_K	17mm
	第 1、2 层被夹紧件材料		普通结构钢 E295
	第 3 层被夹紧件材料		铸铁 GJS − 400
	非结合面基体替代外径	D'_A	37.31mm
	结合面基体替代外径	D_A	29.45mm
	被夹紧件中螺栓通孔直径	d_h	按精装配设计
	传递横向力界面数	q_F	1

（续）

	名称	符号	已知条件或参数值
被夹紧件	传递扭矩的平界面数	q_M	1
	M_Y 作用时被夹紧件的摩擦半径	r_a	11.61mm
	基体与连接体中载荷引入点 K 之间的长度	l_A	0
其他紧固件参数	性能等级（紧固件均为标准件配套使用）		10.9
	螺母的杨氏模量	E_M	206000MPa
	接触面平均表面粗糙度	R_z	25μm
	垫圈类型		无垫圈
螺栓连接载荷	轴向最大工作载荷	$F_{A\,max}$	9418.45N
	横向最大载荷	$F_{Q\,max}$	9519.45N
	绕螺栓轴线的最大扭矩	$M_{Y\,max}$	-3982.39N·mm
	疲劳工况下最大轴向附加螺栓载荷	F_{SAo}	3340.95N
	疲劳工况下最小轴向附加螺栓载荷	F_{SAu}	1759.76N
	交变循环次数	N	$\geqslant 2\times10^6$
	用户提供的参考拧紧力矩	$M_{A\,ck}$	207N·m
	用户提供：不考虑热膨胀	ΔF_{Vth}、$\Delta F'_{Vth}$	0
	夹紧类型	s_{sym}	同心夹紧 $s_{sym}=0$
	加载类型	a	同心加载 $a=0$
	以载荷引入点确定的螺栓连接类型		SV1
	拧紧方式		使用扭矩扳手扭矩控制拧紧
安全系数	工作应力下的安全系数	S_F	>1
	抗疲劳失效安全系数	S_D	>1.2
	抗表面压力安全系数	S_P	>1
	静强度载荷工况下抗滑移安全系数	S_G	>1.2
	抗剪切安全系数	S_A	>1.1

表 9-16　R0 根据已知的螺栓直径 d 确定其他相关参数

名称	符号	计算公式/取值依据	参数值
（六角头螺栓）螺栓型号	M16×50	已知	
螺纹公称直径	d	已知	16mm
螺杆长度	l_1	已知	50mm
螺纹螺距	P	查参考文献［17］	2mm

（续）

名称	符号	计算公式/取值依据	参数值
螺栓螺纹小径	$d_3^①$	查参考文献 [18]	13.835mm
螺栓头部支承平面外径	d_W	查参考文献 [17]	22.49mm
被夹紧件中螺栓孔的孔径	d_h	查参考文献 [19]	17mm
被夹紧件靠螺栓头部侧支承平面内径	d_{ha}	已知	17.5mm
螺栓头部支承平面内径	d_a	查参考文献 [17]	17.7mm
螺母支承区域平面内径（倒角直径）	$D_a^②$	查参考文献 [20]	17.3mm
螺栓有螺纹杆部长度	b	查参考文献 [17]	38mm
螺栓无螺纹杆部长度	l_1	$l_1 - b$	12mm
夹紧长度	l_K	已知	17mm
螺栓负载未旋合螺纹部分长度	l_{Gew}	$l_K - l_1$	5mm
螺栓头部螺纹变形替代延伸长度	l_{SK}	$0.5d$	8mm
螺栓旋合螺纹变形的替代延伸长度	l_G	$0.5d$	8mm
螺母或内螺纹区域旋合螺纹变形替代延伸长度	l_M	$0.4d$	6.4mm
替代延伸长度，l_G 和 l_M 的总和	l_{GM}	$l_G + l_M$	14.4mm

① 参考文献 [18] 中，螺栓螺纹小径用符号 d_1 表示。

② 参考文献 [20] 中，螺母支承区域平面内径（倒角直径）用符号 d_a 表示。

表 9-17　R1 确定拧紧系数 α_A

名称	符号	计算公式/取值依据	参数值
拧紧系数	α_A	查参考文献 [5] 表 A8，并与用户协商	1.4
螺纹摩擦系数	μ_G	查参考文献 [5] 表 A5，并与用户协商	0.12
螺杆头部支承区域的摩擦系数	μ_K	查参考文献 [5] 表 A5，并与用户协商	0.12

表 9-18　R2 确定所需的最小夹紧载荷 F_{Kerf}

名称	符号	计算公式/取值依据	参数值
最小夹紧载荷	F_{Kerf}	取为 F_{KQ}	35223.08N
通过摩擦力传递横向载荷和/或扭矩的最小夹紧载荷	F_{KQ}	$F_{KQ} = \dfrac{F_{Q\,max}}{q_F \mu_{T\,min}} + \dfrac{M_{Y\,max}}{q_M r_a \mu_{T\,min}}$	35223.08N
被夹紧界面传递的最大横向载荷	$F_{Q\,max}$	已知	9519.45N
传递横向力的界面数	q_F	已知	1
结合面最小静摩擦系数	$\mu_{T\,min}$	查参考文献 [5] 表 A6，并与用户协商	0.28
绕螺栓轴线的最大扭矩（取绝对值）	$M_{Y\,max}$	已知	3982.39N·mm
传递扭矩的界面数	q_M	已知	1
M_Y 作用时，被夹紧件的摩擦半径	r_a	已知	11.61mm

表 9-19　R3-1 确定螺栓柔度 δ_S

名称	符号	计算公式/取值依据	参数值
螺栓的柔度	δ_S	$$\delta_S = \delta_{SK} + \delta_1 + \delta_{Gew} + \delta_{GM}$$ $$\delta_{GM} = \delta_G + \delta_M$$	$1.0572 \times 10^{-6}\,\mathrm{mm/N}$
螺杆头部的柔度	δ_{SK}	$\delta_{SK} = \dfrac{4l_{SK}}{E_S \pi d^2}$	$0.1932 \times 10^{-6}\,\mathrm{mm/N}$
部分 1 的柔度	δ_1	$\delta_1 = \dfrac{4l_1}{E_S \pi d^2}$	$0.2897 \times 10^{-6}\,\mathrm{mm/N}$
负载未旋合螺纹部分的柔度	δ_{Gew}	$\delta_{Gew} = \dfrac{4l_{Gew}}{E_S \pi d_3^2}$	$0.1615 \times 10^{-6}\,\mathrm{mm/N}$
螺栓旋合螺纹部分小径的柔度	δ_G	$\delta_G = \dfrac{4l_G}{E_S \pi d_3^2}$	$0.2583 \times 10^{-6}\,\mathrm{mm/N}$
螺母内螺纹区域旋合螺纹部分的柔度	δ_M	$\delta_M = \dfrac{4l_M}{E_M \pi d^2}$	$0.1545 \times 10^{-6}\,\mathrm{mm/N}$

表 9-20　R3-2 确定被夹紧件柔度 δ_P

名称	符号	计算公式/取值依据	参数值
形成完整变形锥的临界直径	$D_{A,Gr}$	$D_{A,Gr} = d_W + w l_K \tan\varphi$	$29.4310\,\mathrm{mm}$
表达螺栓/螺钉连接类型的连接系数	w	螺栓连接 $w=1$；螺钉连接 $w=2$	1
变形锥角度的正切	$\tan\varphi$	$\tan\varphi = 0.362 + 0.032\ln(\beta_L/2) + 0.153\ln y$	0.4083
长度比	β_L	$\beta_L = l_K/d_W$	0.7559
直径比	y	$y = D'_A/d_W$	1.6590
判断变形锥形成情况：因为满足条件 $D_A > D_{A,Gr}$　（29.45>29.4310），所以变形锥能够完整形成			
第 1、2 层被夹紧件的杨氏模量	E_{P1}、E_{P2}	根据材料 E295 查参考文献[5]表 A9	205000MPa
第 3 层被夹紧件的杨氏模量	E_{P3}	根据材料 GJS-400 查参考文献[5]表 A9	169000MPa
同心夹紧、同心加载，具有不同杨氏模量被夹紧件的柔度	δ_P	$\delta_P = \sum_{i=1}^{3} \delta_{Pi}^V = \delta_{P1} + \delta_{P2} + \delta_{P3}$	3.1166×10^{-7} $\mathrm{mm/N}$

（续）

名称	符号	计算公式/取值依据	参数值
假设 3 层被夹紧件的杨氏模量均相同（$E_{Pzg}=E_{P1}=E_{P2}$），则整体被夹紧件的柔度	δ_{Pzg}	$\delta_{Pzg} = \dfrac{2\ln\left[\dfrac{(d_w+d_h)(d_w+wl_K\tan\varphi-d_h)}{(d_w-d_h)(d_w+wl_K\tan\varphi+d_h)}\right]}{wE_{Pzg}\pi d_h\tan\varphi}$	2.9320×10^{-7} mm/N
假设第 3 层被夹紧件的杨氏模量为 $E_{Pbg}=E_{P1}$，则该层的柔度	δ_{Pbg}	$\delta_{Pbg} = \dfrac{\ln\left[\dfrac{(d_{w,3}+d_h)(d_{w,3}+2l_{K3}\tan\varphi-d_h)}{(d_{w,3}-d_h)(d_{w,3}+2l_{K3}\tan\varphi+d_h)}\right]}{E_{Pbg}\pi d_h\tan\varphi}$	0.8666×10^{-7} mm/N
第 1、2 层被夹紧件的柔度之和	$\delta_{P1}+\delta_{P2}$	$\delta_{P1}+\delta_{P2}=\delta_{Pa}=\delta_{Pzg}-\delta_{Pbg}$	2.0654×10^{-7} mm/N
第 3 层被夹紧件的实际柔度	δ_{P3}	$\delta_{P3} = \dfrac{\ln\left[\dfrac{(d_{w,3}+d_h)(d_{w,3}+2l_{K3}\tan\varphi-d_h)}{(d_{w,3}-d_h)(d_{w,3}+2l_{K3}\tan\varphi+d_h)}\right]}{E_{P3}\pi d_h\tan\varphi}$	1.0512×10^{-7} mm/N

注：此处采用的为替换 E_P 相异层的计算方法，即：先按 3 层被夹紧件的杨氏模量均相同计算 δ_{Pzg}，然后再计算出相异材料层的实际柔度 δ_{P3} 替换 δ_{Pzg} 中的该层柔度 δ_{Pbg}，最后得出总柔度 $\delta_P = \delta_{P1} + \delta_{P2} + \delta_{P3} = \delta_{Pzg} - \delta_{Pbg} + \delta_{P3}$。

表 9-21　R3 -3 确定载荷引入系数 n

名称	符号	计算公式/取值依据	参数值
预加载区域边缘与载荷引入点之间的距离	a_K	$a_K = \dfrac{D_A - d_W}{2}$	3.48mm
查 n 所需参数	h	l_K	17mm
查 n 所需参数	l_A/h	0/17	0
查 n 所需参数	a_K/h	3.48/17	0.2047
载荷引入系数	n	根据连接类型、l_A/h、a_K/h 及表 4-1 并运用插值法 $n = \dfrac{0.2047-0.10}{0.30-0.10}\times(0.30-0.55)+0.55$	0.4191

注：参考文献 [5] 5.2.2.2 节中介绍：确定载荷引入系数 n 的简化方法适用于被夹紧件具有相同的杨氏模量，此例采用该方法仅作为近似计算。

表 9-22　R3-4 确定载荷系数 Φ

名称	符号	计算公式/取值依据	参数值
载荷引入点为螺栓头部和螺母支承区域平面时，同心夹紧、同心加载情况下的载荷系数	Φ_K	$\Phi_K = \dfrac{\delta_P}{\delta_S + \delta_P}$	0.2277
载荷引入点位于被夹紧件内时，同心夹紧、同心加载情况下的载荷系数	Φ_n	$\Phi_n = n\Phi_K$	0.0954

表 9-23　R4 确定预加载荷的变化 F_Z、$\Delta F'_{Vth}$

名称	符号	计算公式/取值依据	参数值
由嵌入导致的塑性变形	f_Z	$f_Z = f_{Z1} + f_{Z2} + f_{Z3} + n_n f_{ZA}$	$17\mu m$
螺纹嵌入量	f_{Z1}	查表 6-3	$3\mu m$
螺栓头部嵌入量	f_{Z2}	查表 6-3	$4.5\mu m$
螺母嵌入量	f_{Z3}	查表 6-3	$4.5\mu m$
单个内部界面嵌入量	f_{ZA}	查表 6-3	$2.5\mu m$
内部界面数	n_n	已知	2
嵌入导致的预加载荷损失	F_Z	$F_Z = \dfrac{f_Z}{(\delta_S + \delta_P)}$	12419.09N
近似附加热载荷	$\Delta F'_{Vth}$	不考虑热膨胀	0

表 9-24　R5 确定最小装配预加载荷 $F_{M\,min}$

名称	符号	计算公式/取值依据	参数值
最小装配预加载荷	$F_{M\,min}$	$F_{M\,min} = F_{Kerf} + (1 - \Phi_n) F_{A\,max} + F_Z + F'_{Vth}$	56162.10N

表 9-25　R6 确定最大装配预加载荷 $F_{M\,max}$

名称	符号	计算公式/取值依据	参数值
最大装配预加载荷	$F_{M\,max}$	$F_{M\,max} = \alpha_A F_{M\,min}$	78626.94N

表 9-26　R7 确定装配应力 $\sigma_{red,M}$ 和 $F_{M\,zul}$，校验螺栓尺寸

名称	符号	计算公式/取值依据	参数值
许用相当装配应力	$\sigma_{red,M\,zul}$	$\sigma_{red,M\,zul} = \nu R_{p0.2min}$	810MPa
拧紧时屈服强度应力利用系数（危险横截面完全塑性变形的限制值）	ν	7.2.1 节	0.9
$R_{p0.2}$ 的最小值	$R_{p0.2min}$	根据用户意见，取 $R_{p0.2min} = R_{p0.2}$	900MPa
螺栓预加载荷表列值	$F_{M\,Tab}$	根据 $\nu = 0.9$，正常杆螺栓，$\mu_G = 0.12$，查参考文献 [5] 表 A1	118800N

（续）

名称	符号	计算公式/取值依据	参数值
许用装配预加载荷	$F_{M\,zul}$	取：$F_{M\,zul} = F_{M\,Tab}$	118800N
用户给定的参考装配预加载荷	$F_{M\,ck}$	$F_{M\,ck} = \dfrac{M_{A\,ck}}{0.16P + 0.58d_2\mu_G + \dfrac{D_{Km}}{2}\mu_K}$	81211.83N
螺纹中径	d_2	$d_2 = d - 0.6495P$	14.70mm
螺杆头部或螺母承载区域 摩擦力矩的有效直径	D_{Km}	$D_{Km} = \dfrac{(d_W + D_{Ki})}{2}$	20.095mm
螺栓头部承载区域平面内径	D_{Ki}	$D_{Ki} = \max(D_a, d_{ha}, d_h, d_a)$ $= \max(17.3, 17.5, 17, 17.7)$	17.7mm

结论：满足 $F_{M\,zul} \geq F_{M\,max}$，即 $118800 \geq 78626.94$，因此所采用的螺栓尺寸满足此项要求。

校核用户给定的参考装配预加载荷：$F_{M\,max} \leq F_{M\,ck} \leq 1.4F_{M\,Tab}$ 即 $78626.94 \leq 81211.83 \leq 1.4 \times 118800 = 166320$，因此以下装配预加载荷均按用户设计给定值 $F_{M\,ck} = 81211.83N$ 进行计算。（为与 VDI 算法中计算公式符号一致，以下除 R13 外，其他公式中的 $F_{M\,zul}$ 均以 $F_{M\,ck}$ 值代入。）

表 9-27　R8 确定工作应力 $\sigma_{red,B}$，校核安全系数 S_F

名称	符号	计算公式/取值依据	参数值
工作状态下， 螺栓拉伸总载荷最大值	$F_{S\,max}$	$F_{S\,max} = F_{M\,zul} + \Phi_n F_{A\,max} - \Delta F_{Vth}$	82110.35N
工作状态下， 螺栓的最大拉伸应力	$\sigma_{Z\,max}$	$\sigma_{Z\,max} = \dfrac{F_{S\,max}}{A_0}$	523.00MPa
螺栓相当 最小横截面积	A_0	正常杆螺栓：取 $A_0 = A_S$， 查参考文献 [5] 表 A11 中 A_S	157mm
螺栓的最大切应力	τ_{max}	$\tau_{max} = \dfrac{M_G}{W_P}$	190.40MPa
螺纹力矩	M_G	$M_G = F_{M\,zul}\dfrac{d_2}{2}\left(\dfrac{P}{\pi d_2} + 1.155\mu_{G\,min}\right)$	108587.47 N·mm
螺栓横截面的 抗扭截面模量	W_P	$W_P = \pi\dfrac{d_0^3}{16}$	570.32mm³
应力横截面的直径	d_S	$d_S = \dfrac{d_2 + d_3}{2}$	14.268mm
螺栓相当 最小横截面直径	d_0	正常杆螺栓：取 $d_0 = d_S$	14.268mm
工作状态下的相当应力	$\sigma_{red,B}$	$\sigma_{red,B} = \sqrt{\sigma_{Z\,max}^2 + 3(k_\tau \tau_{max})^2}$	548.37MP
衰减系数	k_τ	参见 7.2.2 节	0.5
工作应力下的安全系数	S_F	$S_F = R_{p0.2min}/\sigma_{red,B}$	1.64

结论：用户给定的强度条件为 $S_F = R_{p0.2min}/\sigma_{red,B} > 1$，此处 $S_F = 1.64 > 1$，因此满足工作应力的强度条件。

表 9-28　R9 确定交变应力幅 σ_{a}，校核安全系数 S_{D}

名称	符号	计算公式/取值依据	参数值
同心夹紧、同心加载时，作用于螺栓上的连续交变应力幅	σ_{a}	$\sigma_{\mathrm{a}} = \dfrac{F_{\mathrm{SAo}} - F_{\mathrm{SAu}}}{2A_{\mathrm{S}}}$	5.04MPa
平均螺栓载荷	F_{Sm}	$F_{\mathrm{Sm}} = F_{\mathrm{M\,zul}} + \dfrac{F_{\mathrm{SAo}} + F_{\mathrm{SAu}}}{2}$	83762.19N
在规定塑性延伸率为 0.2% 的应力 $R_{\mathrm{p0.2}}$（名义屈服强度）下的载荷最小值	$F_{\mathrm{0.2min}}$	$F_{\mathrm{0.2min}} = R_{\mathrm{p0.2min}}A_0$	141300N
检验：$0.3 \leqslant F_{\mathrm{Sm}}/F_{\mathrm{0.2min}} = 83762.19/141300 = 0.5928 < 1$，因此上述 σ_{ASV} 计算式适用			
热处理前滚丝螺栓无限寿命疲劳极限应力幅	σ_{ASV}	$\sigma_{\mathrm{ASV}} = 0.85(150/d + 45)$	46.22MPa
抗疲劳失效安全系数	S_{D}	$S_{\mathrm{D}} = \dfrac{\sigma_{\mathrm{ASV}}}{\sigma_{\mathrm{a}}}$	9.18

结论：用户给定的强度条件为 $S_{\mathrm{D}} > 1.2$，此处 $S_{\mathrm{D}} = 9.18 > 1.2$，因此满足疲劳强度条件。

表 9-29　R10 确定表面压力 p_{max}，校核安全系数 S_{P}

名称		符号	计算公式/取值依据	参数值
螺栓头部与被夹紧件，螺母与被夹紧件之间最大表面压力	装配状态	$p_{\mathrm{M\,max}}$	$p_{\mathrm{M\,max}} = \dfrac{F_{\mathrm{M\,zul}}}{A_{\mathrm{p\,min}}}$	537.13MPa
	工作状态	$p_{\mathrm{B\,max}}$	$p_{\mathrm{B\,max}} = \dfrac{F_{\mathrm{V\,max}} + F_{\mathrm{SA\,max}} - \Delta F_{\mathrm{Vth}}}{A_{\mathrm{p\,min}}}$	460.93MPa
最大预加载荷		$F_{\mathrm{V\,max}}$	$F_{\mathrm{V\,max}} = F_{\mathrm{M\,zul}} - F_{\mathrm{Z}} - \Delta F_{\mathrm{Vth}}$	68792.74N
最大附加螺栓载荷		$F_{\mathrm{SA\,max}}$	$F_{\mathrm{SA\,max}} = \Phi_{\mathrm{n}} F_{\mathrm{A\,max}}$	898.52N
极限表面压力，螺栓头部、螺母或垫圈下最大许用应力		p_{G}	查参考文献 [5] 表 A9，并与用户协商，按连接中 p_{G} 最弱材料，取 $p_{\mathrm{G}} = p_{\mathrm{G\,min}}$	600MPa
螺栓头部或螺母承载面积的最小值		$A_{\mathrm{P\,min}}$	$A_{\mathrm{P\,min}} = \dfrac{\pi}{4}(d_{\mathrm{Wa}}^2 - D_{\mathrm{Ki}}^2)$	151.20mm²
与被夹紧件接触的垫圈支承平面外径		d_{Wa}	对于标准垫圈：$d_{\mathrm{Wa}} = d_{\mathrm{W}} + 1.6h_{\mathrm{S}}$	22.49mm
垫圈厚度		h_{S}	无垫圈	0mm
抗表面压力安全系数		S_{P}	$\min(p_{\mathrm{G}}/p_{\mathrm{M\,max}}; p_{\mathrm{G}}/p_{\mathrm{B}})$	$\min(1.12; 1.30)$

结论：用户给定的强度条件为 $S_{\mathrm{P}} > 1$，因此满足表面压力强度条件。

R11 螺纹旋合长度 $m_{\mathrm{eff\,min}}$ 校验：由于螺栓连接紧固件均为标准件配套使用，故不必校核螺纹旋合长度。

表 9-30　R12 确定抗滑安全系数 S_G 和最大切应力 $\tau_{Q\,max}$

名称	符号	计算公式/取值依据	参数值
结合面最小残余预加载荷	$F_{KR\,min}$	$F_{KR\,min} = \dfrac{F_{M\,zul}}{\alpha_A} - (1-\Phi_n)\,F_{A\,max} - F_Z - \Delta F_{Vth}$	37069.43N
通过摩擦传递横向载荷和/或扭矩所需的夹紧载荷	$F_{KQ\,erf}$	$F_{KQ\,erf} = \dfrac{F_{Q\,max}}{q_F \mu_{T\,min}} + \dfrac{M_{Y\,max}}{q_M r_a \mu_{T\,min}}$	35223.08N
抗滑移安全系数	S_G	$S_G = \dfrac{F_{KR\,min}}{F_{KQ\,erf}}$	1.05
摩擦传递横向载荷和/或扭矩，过载时，螺杆所受 $F_{Q\,max}$ 导致的最大切应力	$\tau_{Q\,max}$	$\tau_{Q\,max} = \dfrac{F_{Q\,max}}{A_\tau}$	60.63MPa
横向加载时，螺栓的剪切横截面积	A_τ	取 $A_\tau = A_S$	157mm^2
螺栓的抗拉强度	R_m	根据螺栓性能等级10.9查 DIN EN ISO 898 − 1	1000MPa
抗剪强度比	τ_B/R_m	查表7-3	0.62
螺栓的抗剪强度	τ_B	$\tau_B = R_m (\tau_B/R_m)$	620MPa
抗剪安全系数	S_A	$S_A = \dfrac{\tau_B}{\tau_{Q\,max}}$	10.23

结论：用户给定的强度条件为 $S_G > 1.2$，此处 $S_G = 1.05 < 1.2$，因此不满足抗滑移强度条件。
用户给定的强度条件为 $S_A > 1.1$，此处 $S_A = 10.23 > 1.1$，因此满足抗剪强度条件。

注：假设标准抗剪切安全系数为 $[S_A] = 1.1$，则 $F_{Q\,zul\,S} = A_\tau \tau_B/[S_A] = 88490.91N$，$F_{Q\,max}/F_{Q\,zul\,S} = 9519.45/88490.91 = 0.11 < 0.25$，因此不必进行轴向 − 横向载荷共同作用的综合强度校核。

表 9-31　R13 确定螺栓装配预加载荷达到许用值 $F_{M\,zul}$ 时的拧紧力矩 $M_{A\,zul}$

名称	符号	计算公式/取值依据	参数值
螺栓装配预加载荷达到许用值 $F_{M\,zul}$ 时的拧紧力矩	$M_{A\,zul}$ 方法一	$M_{A\,zul} = F_{M\,zul}\left(0.16P + 0.58 d_2 \mu_{G\,min} + \dfrac{D_{Km}}{2}\mu_{K\,min}\right)$ 注：此处 $F_{M\,zul}$ 应代入螺栓装配预加载荷的许用值，而不是用户给定的装配预加载荷的参考值 $F_{M\,ck}$	302.81N·m
	$M_{A\,zul}$ 方法二	查参考文献 [5] 表A1	302 N·m
实际应用的拧紧力矩	M_A	采用用户提供的拧紧力矩参考值 $M_{A\,ck}$ 作为实际拧紧力矩 $M_A = M_{A\,ck}$	207N·m

结论：实际应用拧紧力矩采用用户给定的 $M_{A\,ck} < M_{A\,zul}$，适用。

计算实例结论：

1）$S_F = 1.64 > 1$，满足工作应力的强度条件。

2）$S_D = 9.18 > 1.2$，满足疲劳强度条件。

3）$S_{P\,min} = 1.12 > 1$，满足表面压力强度条件。

4）$S_G = 1.05 < 1.2$，不满足抗滑移强度条件。

5）$S_A = 10.23 > 1.1$，满足抗剪强度条件。

6）采用用户设计给定的拧紧力矩 207N·m，得相应的螺栓装配预加载荷 $F_{M\,ck} = 81211.83N$ 满足要求。

综上所述，此螺栓连接除不满足抗滑移强度条件（$S_G = 1.05 < 1.2$）外，其他应力与强度条件均满足。

上述实例中的螺栓连接不满足抗滑移强度条件，依据 VDI 算法中的分析方法，为用户提出改进建议。可从两方面入手［可参考式（7-70）～式（7-72）及图 2-10］：

1）降低传递横向载荷和/或扭矩所需的夹紧载荷 $F_{KQ\,erf}$：可通过减小 $F_{Q\,max}$、$M_{Y\,max}$，或增大 q_F、$\mu_{T\,min}$、q_M、r_a 实现。

2）提高结合面的最小残余夹紧载荷 $F_{KR\,min}$：可通过减小 α_A、$F_{A\,max}$、F_Z、ΔF_{Vth}（当 $\Delta F_{Vth} > 0$ 时），或增大 $F_{M\,zul}$、Φ_{en}^* 实现。

其中，$F_{Q\,max}$、$M_{Y\,max}$、$F_{A\,max}$ 为螺栓连接所需要承受的载荷，欲既降低其值又满足原有的工作要求，可能就涉及对整个螺栓连接系统的结构、布局等进行改动；若增大 q_F、$\mu_{T\,min}$、q_M、r_a 或减小 F_Z 以求提高 S_G，一方面这些参数涉及被夹紧件的总数、承受横向力/扭矩的界面数、连接的结构尺寸、材料特性等多方面的因素，另一方面原本设计时就是为满足工作要求而确定的，因此很难有更改空间，而且更改这些参数随之而来的影响不容忽视；ΔF_{Vth} 也涉及环境等多方面的因素（参见表 6-2 第 5 条）而更改困难；对于"增大 Φ_{en}^*（此例中为 Φ_n）以求增大 $F_{KR\,min}$ 而达到提高 S_G 的目的"，且不讨论如何实现，仅就"$F_{SA} = \Phi_{en}^* F_A$"即可看出，此法并非上策。减小 α_A 需要重新考虑拧紧技术，不失为可选的措施之一。但针对此例，相比之下，我们感觉采取"增大 $F_{M\,zul}$"的措施更为有利：由于用户原提出的参考装配预加载荷为 $F_{M\,ck} = 81211.83N$，与螺栓连接达到屈服强度时的许用装配预加载荷 $F_{M\,zul} = F_{M\,Tab} = 118800N$ 相差较大，尚有上升空间。因此笔者认为可建议用户提高装配预加载荷，以增强螺栓连接的抗滑移能力，增大 S_G 值。需要注意的是，提高装配预加载荷，将会导致安全系数 S_F、$S_{P\,min}$ 值下降（对 S_D、S_A 没有影响），因此不可过于升高装配预加载荷，并必须对改进后的设计进行重新校核。

现尝试将实际采用的拧紧力矩由原来的 207N·m 提高至 227N·m，并将由此改动而涉及的相关参数进行重新计算，以供用户参考。

将 $M_{A\,ck} = 227\mathrm{N} \cdot \mathrm{m}$ 代替 $M_{A\,ck} = 207\mathrm{N} \cdot \mathrm{m}$，代入 7.3 节的参考程序，首先检验 $F_{M\,ck} = 88273.73\mathrm{N} < F_{M\,zul} = F_{M\,Tab} = 118800\mathrm{N}$，故可以采用。程序运行完成后得出结论：

1）$S_F = 1.50 > 1$，满足工作应力的强度条件。

2）$S_D = 9.18 > 1.2$，满足疲劳强度条件。

3）$S_{P\,min} = 1.02 > 1$，满足表面压力强度条件。

4）$S_G = 1.21 > 1.2$，满足抗滑移强度条件。

5）$S_A = 10.23 > 1.1$，满足抗剪强度条件。

6）建议用户将拧紧力矩更改为 $227\mathrm{N} \cdot \mathrm{m}$，得相应的螺栓装配预加载荷 $F_{M\,ck} = 89058.39\mathrm{N}$，满足要求。

综上所述，更改拧紧力矩后，螺栓连接满足所有的应力与强度条件。

本章小结

本章为了便于理解应用，将 VDI 算法 R0 ~ R13 计算步骤中涉及的符号及其含义、计算公式、参数选取依据、参照内容等以表格的形式列出。

以某螺栓连接为实例，进行了计算及强度校核，并针对计算结果中含有不满足强度要求的指标提出了修改建议。

第 10 章 　VDI 算法应用中常见困惑及 解决方法探索

在应用 VDI 算法进行单螺栓连接分析计算的过程中，人们常常会遇到各类问题，如：对德文原版的理解；被夹紧件的材料、几何形状、分层位置及虚拟变形体等的多样性；传统计算方法中基本未考虑的弯曲变形；如何对待被夹紧件间单侧分离开缝的情况等。许多是我们以往按常规机械设计方法计算时未曾遇到过的问题。

对 VDI 2230 – 1 标准，从接触、认识，到逐步理解、科学合理地应用，得心应手地解决各种问题，需要有一个过程，我们也一直在不懈地努力探索和实践。现将学习、使用中获得的一点体会和心得与大家讨论分享，希望能成为引玉之砖。

1. VDI 算法中，对螺栓连接承受压力加载的情况是如何分析的？

答：在以往传统算法中，一般认为，普通紧螺栓连接不用来承受压力加载（仅在螺栓组连接承受倾覆力矩的情况下，考虑了结合面受压最大处不被压溃的强度校核，参见 1.1 节）。

而在实际工程应用中，人们常常会遇到螺栓组在某种工况下，其中的一个或多个螺栓提取出的螺栓所受的轴向工作载荷为负值，即 $F_A < 0$。在 VDI 2230 – 1[5] 中，涉及螺栓连接承受压力加载情况的主要有两处：

1）当螺栓连接未受到轴向工作载荷时，作用于螺栓头部下面的支承载荷为 F_M（未考虑预加载荷的损失）；当螺栓连接受到轴向工作载荷 $F_A < 0$ 时，作用于螺栓头部下面的载荷由原 F_M 降至残余支承载荷 F_{SR}：$F_{SR} = F_M + F_{SA}$，其中 $F_{SA} < 0$，参见 2.2.1 节式（2-19），其相应的力与变形关系参见图 2-7b。由此可知，F_M 为正值而此时 F_{SA} 为负值，当残余支承载荷 F_{SR} 下降到一定程度时，螺栓头部与被夹紧件之间可能发生离缝（由于表面压力的分布通常不均匀，很可能这种离缝比预期发生得更早），导致螺栓连接不能正常工作。

2）在计算螺栓头部和螺母支承面的表面压力时（VDI 算法中的步骤 R10），工作状态下，应用式（7-58）：$p_{B\,max} = (F_{V\,max} + F_{SA\,max} - \Delta F_{Vth})/A_{p\,min} \leqslant p_G$，对于在压力载荷作用下的连接（$F_A < 0$），则以 $F_{SA\,max} = 0$ 代入式（7-58）。如上所述，当 $F_A < 0$ 时，也有 $F_{SA} < 0$，此时取 $F_{SA\,max} = 0$ 代入式（7-58）是合理的。

2. 螺栓所承受的轴向载荷，是否就是螺栓连接的轴向工作载荷？两者之间有何关系？

答：将螺栓连接的轴向工作载荷 F_A 视为螺栓所承受的轴向载荷 F_S，是人们在螺栓连接计算中的一个误区。$F_S \neq F_A$。

现分析仅由 F_A 加载，且未考虑预加载荷变化的情况。为了突出重点、便于理解，我们将螺栓连接的载荷–位移关系图 10-1a 中的载荷标记稍作增减，得到图 10-1b：螺栓连接的轴向工作载荷为图中的 F_A；而螺栓所承受的轴向载荷，即工作状态下螺栓的总轴向拉力为 F_S。分析图 10-1 可知，在此情况下，$F_S = F_M + F_{SA}$；而由 5.3 节表 5-2 可知，$F_{SA} = \varPhi_{en}^* F_A$，故 $F_S = F_M + F_{SA} = F_M + \varPhi_{en}^* F_A$。由此可得：螺栓所受的总载荷 F_S 是螺栓连接轴向工作载荷的函数，为装配预加载荷 F_M 与轴向工作载荷 F_A 的一部分（$\varPhi_{en}^* F_A$）之和，而该部分占 F_A 中比例的大小，取决于载荷系数 $\varPhi_{en}^*$。而 $\varPhi_{en}^*$ 值的大小由螺栓的轴向柔度 δ_S、被夹紧件的轴向柔度 δ_P、δ_P^*、δ_P^{**}（对于螺钉连接还含有被夹紧件的补充柔度 δ_{PZu}）、外载荷引入位置（体现于载荷引入系数 n）等所决定。详见 5.2 节表 5-1。

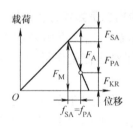 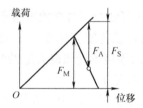

a) 载荷–位移关系[5]　　　　　　　b) F_A 与 F_S 的关系

图 10-1　同心夹紧、同心加载 $n = 1$ 时的 F_A 与 F_S（未考虑预加载荷的变化）

根据 VDI 算法，由 7.2.2 节及式（7-39）可知，考虑附加热载荷 ΔF_{Vth} 后，工作状态下螺栓的总拉伸载荷 F_S 与工作载荷 F_A 之间的关系为

$$F_S = F_{M\,zul} + \varPhi_{en}^* F_A - \Delta F_{Vth} \tag{10-1}$$

若 $\Delta F_{Vth} > 0$，则取 $\Delta F_{Vth} = 0$ 代入上式。

由此可知，对于 VDI 算法所适用的紧螺栓连接，在任何情况下，都不能将螺栓连接的轴向工作载荷 F_A 视为螺栓所承受的轴向载荷 F_S。

3. 采用 VDI 算法，在对横向载荷 F_Q 和绕螺栓轴线扭矩 M_Y 的处理时，需要注意哪些问题？

答：在 VDI 算法中，步骤"R2 确定所需的最小夹紧载荷 F_{Kerf}"和步骤"R12 确定抗滑移安全系数 S_G"，计算通过摩擦传递横向载荷和/或扭矩所需夹紧

载荷 F_{KQ}，均涉及 F_Q 和 M_Y 的计算。

$$F_{KQ} = \frac{F_{Q\,max}}{q_F \mu_{T\,min}} + \frac{M_{Y\,max}}{q_M r_a \mu_{T\,min}} \qquad (10\text{-}2)$$

（1）横向载荷 F_Q　在应用有限元软件完成 F_Q 的提取时，所获得的往往是垂直于螺栓轴线平面上的横向力 F_{QX} 和 F_{QZ}（坐标系参见 1.2 节表 1-2 中"单螺栓连接"栏）。因此，在应用式（10-2）进行编程计算前，应先将 F_{QX} 和 F_{QZ} 进行向量合成，合成向量的模，即为横向载荷 F_Q 的值。

$$F_Q = \sqrt{F_{QX}^2 + F_{QZ}^2} \qquad (10\text{-}3)$$

（2）绕螺栓轴线的扭矩 M_Y　在应用有限元软件完成 M_Y 的提取时，所获得的值往往有正有负，若不加判别直接代入式（10-2）进行计算，将得出错误的结果。故编程计算时应取 M_Y 的绝对值代入式（10-2），参见 6.3 节和 7.3 节中的 MATLAB 源程序。

4. 在工程实际应用中，用户往往提供螺栓的拧紧力矩 M_A，可否应用公式 $M_A \approx 0.2 F_M d$ 求得的装配预加载荷 F_M 代入各相应的公式，进行后续设计计算？

答：不合适。

在 VDI 算法中，螺栓的拧紧力矩 M_A 与装配预加载荷 F_M 之间的关系式为 6.2.3 节中的式（6-13）：$M_A = F_M \left(0.16P + 0.58 d_2 \mu_G + \dfrac{D_{Km}}{2} \mu_K \right)$，对比机械设计计算法中的近似计算公式（6-5）$M_V \approx 0.2 F_V d$（相当于不考虑预加载荷变化时的 $M_A \approx 0.2 F_M d$），可明显看出，前者中的 $\left(0.16P + 0.58 d_2 \mu_G + \dfrac{D_{Km}}{2} \mu_K \right)$ 与后者中的 $0.2d$ 相差很大，具体原因及实例分析详见 6.2.3 节，此处不再赘述。

下面仅就若已知式 M_A，采用式 $M_A \approx 0.2 d F_M$ 确定 F_M（为便于区分，以下用 $F_{M\,ck}$ 代替 $F_{M\,zul}$），并据此进行后续设计计算所产生的结果进行讨论。

现假设此 $F_{M\,ck}$ 值满足 $F_{M\,max} \leqslant F_{M\,ck} \leqslant F_{M\,zul}$，可以应用。根据 9.1 节，则有：

（1）对计算步骤 R8 中相关参数的影响　由于 $F_{S\,max} = F_{M\,ck} + \Phi_{en}^* F_{A\,max} - \Delta F_{Vth}$，故由此产生的影响沿 $F_{M\,ck} \rightarrow F_{S\,max} \rightarrow \sigma_{Z\,max} \rightarrow \sigma_{red,B} \rightarrow S_F$ 顺序，最终导致（防止超过屈服强度）工作应力下的安全系数 S_F 偏离了正确值。

（2）对计算步骤 R10 中相关参数的影响　由于 $p_{M\,max} = \dfrac{F_{M\,ck}}{A_{p\,min}}$ 和 $p_{B\,max} = \dfrac{F_{V\,max} + F_{SA\,max} - \Delta F_{Vth}}{A_{p\,min}}$，故由此产生的影响分别沿 $F_{M\,ck} \rightarrow p_{M\,max} \rightarrow S_P$ 和 $F_{M\,ck} \rightarrow p_{B\,max} \rightarrow S_P$ 顺序，最终导致抗表面压力安全系数 S_P 偏离了正确值。

（3）对计算步骤 R12 中相关参数的影响　由于 $F_{KR\,min} = \dfrac{F_{M\,ck}}{\alpha_A} - (1 - \Phi_n)$

$F_{A\,max} - F_Z - \Delta F_{Vth}$，故由此产生的影响沿 $F_{M\,ck} \rightarrow F_{KR\,min} \rightarrow S_G$ 顺序，最终导致抗滑移安全系数 S_G 偏离了正确值。

综上所述，应用公式 $M_A \approx 0.2dF_M$ 由 M_A 确定 F_M 是非常不合适的。笔者曾经做过实例计算，其差别不是微小的量变，而是影响到判断螺栓连接合格与否的质变。故而应采用 VDI 算法中的关系式（6-13）：$M_A = F_M \left(0.16P + 0.58d_2\mu_G + \dfrac{D_{Km}}{2}\mu_K\right)$ 进行计算。

顺便说一下，目前国内一些行业标准中，在装配预加载荷及紧固扭矩值之间对应关系的确定上，也没有推荐采用原传统的机械设计算法中的简化计算式 $M_A \approx 0.2dF_M$。例如，我国铁道行业标准 TB/T 3246.2—2019《机车车辆螺栓连接设计准则 第 2 部分：机械应用设计》[21-22] 中规定，对满足一定条件的螺栓，根据螺栓规格、性能等级、μ_G 和 μ_K，由标准中表 C.1 查得装配预加载荷及紧固扭矩之间的对应值。经对比，由该表 C.1[21] 所查得的值分别与 VDI 2230 - 1[5] 表 A1 中的相应值一一匹配。

5. 根据 VDI 2230 - 1[5] 5.1.2.1 节公式（52）$d_{W,i} = d_W + 2\tan\varphi \sum_{i=1}^{j} l_{i-1}$，以下算例的算法是否正确？

已知螺栓连接为同心夹紧且被夹紧件的变形锥完全形成，各相关参数见表 10-1，试计算被夹紧件的总柔度 δ_P。计算过程及结果参见表 10-2。

表 10-1 算例已知参数

名称	符号	参数值
第 1 层被夹紧件厚度	l_1	10mm
第 2 层被夹紧件厚度	l_2	3mm
第 3 层被夹紧件厚度	l_3	4mm
（3 层）被夹紧件总厚度	l_K	17mm
第 1、2 层被夹紧件杨氏模量	E_{P1}、E_{P2}	205000MPa
第 3 层被夹紧件杨氏模量	E_{P3}	169000MPa
螺栓头承载面直径	d_W	22.49mm
变形锥角度的正切	$\tan\varphi$	0.4083
螺纹孔的孔径	d_h	17mm

表 10-2 计算过程及结果（供讨论的算法）

名称	符号	计算公式	参数值
第 1 层被夹紧件变形锥小端直径	$d_{W,1}$	$d_{W,1} = d_W$	22.49mm

（续）

名称	符号	计算公式	参数值
第 1 层被夹紧件柔度	δ_{P1}	$\delta_{P1} = \dfrac{\ln\left[\dfrac{(d_{W,1}+d_h)(d_{W,1}+2l_1\tan\varphi-d_h)}{(d_{W,1}-d_h)(d_{W,1}+2l_1\tan\varphi+d_h)}\right]}{E_{P1}\pi d_h\tan\varphi}$ $= \dfrac{\ln\left[\dfrac{(22.49+17)\times(22.49+2\times10\times0.4083-17)}{(22.49-17)\times(22.49+2\times10\times0.4083+17)}\right]}{205000\pi\times17\times0.4083}\text{mm/N}$	1.6181×10^{-7} mm/N
第 2 层被夹紧件变形锥小端直径	$d_{W,2}$	$d_{W,2} = d_W + 2\tan\varphi\, l_1$ $= (22.49+2\times0.4083\times10)\text{mm}$	30.656mm
第 2 层被夹紧件柔度	δ_{P2}	$\delta_{P2} = \dfrac{\ln\left[\dfrac{(d_{W,2}+d_h)(d_{W,2}+2l_2\tan\varphi-d_h)}{(d_{W,2}-d_h)(d_{W,2}+2l_2\tan\varphi+d_h)}\right]}{E_{P2}\pi d_h\tan\varphi}$ $= \dfrac{\ln\left[\dfrac{(30.656+17)\times(30.656+2\times3\times0.4083-17)}{(30.656-17)\times(30.656+2\times3\times0.4083+17)}\right]}{205000\pi\times17\times0.4083}\text{mm/N}$	0.2569×10^{-7} mm/N
第 3 层被夹紧件变形锥小端直径	$d_{W,3}$	$d_{W,3} = d_W + 2\tan\varphi\displaystyle\sum_{i=1}^{3}l_{i-1}$ $= d_W + 2\tan\varphi(l_1+l_2)$ $= [22.49+2\times0.4083\times(10+3)]\text{mm}$	33.106mm
第 3 层被夹紧件柔度	δ_{P3}	$\delta_{P3} = \dfrac{\ln\left[\dfrac{(d_{W,3}+d_h)(d_{W,3}+2l_3\tan\varphi-d_h)}{(d_{W,3}-d_h)(d_{W,3}+2l_3\tan\varphi+d_h)}\right]}{E_{P3}\pi d_h\tan\varphi}$ $= \dfrac{\ln\left[\dfrac{(33.106+17)\times(33.106+2\times4\times0.4083-17)}{(33.106-17)\times(33.106+2\times4\times0.4083+17)}\right]}{169000\pi\times17\times0.4083}\text{mm/N}$	0.3297×10^{-7} mm/N
被夹紧件总柔度	δ_P	$\delta_P = \displaystyle\sum_{i=1}^{3}\delta_{Pi}^{V} = \delta_{P1}+\delta_{P2}+\delta_{P3}$ $= (1.6181+0.2569+0.3297)\times10^{-7} = 2.2047\times10^{-7}\text{mm/N}$	2.2047×10^{-7} mm/N

答：表 10-2 列出的算法是完全错误的。

由于上述算法把所有被夹紧件按上一层锥体的大端直径为下一层锥体的小端直径进行计算的，其结果是仅形成一个正锥，如图 10-2a 所示，故而得出错误结果。该错误算法多算部分的示意图参见图 10-2b。

正确的分析方法应为：先将被夹紧件的整个变形锥分为正锥和倒锥上下两部分，如图 10-2c 所示；然后再对上下两部分分别应用 VDI 算法中有关"上一层锥体的大端直径为下一层锥体的小端直径"（倒锥为"下一层锥体的大端直径为上一层锥体的小端直径"）计算各部分的柔度；最后累加得总柔度，详见 3.2.3 节"4. 具有不同杨氏模量的被夹紧件柔度计算"，相应的 MATLAB 程序见 3.3.2 节。

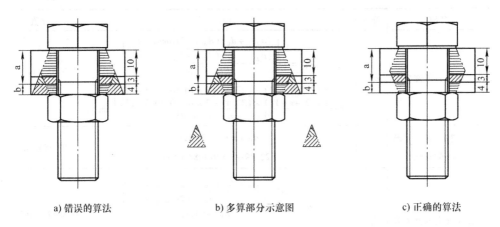

a) 错误的算法　　　　　b) 多算部分示意图　　　　　c) 正确的算法

图 10-2　不同杨氏模量被夹紧件的总柔度计算（示意图）

现将正确的算法列于表 10-3。为了便于理解及编程应用，此处将参考文献［5］中的公式（52）更换了表达形式，采用了本书第 3 章含义相同的式（3-32）和式（3-33）。

表 10-3　计算过程及结果（正确的算法）

名称	符号	计算公式	参数值
半锥厚度	$l_K/2$	$\dfrac{l_K}{2} = \dfrac{17}{2}$	8.5mm
判断上下锥结合面位置		因为 $l_1 > \dfrac{l_K}{2}$，所以第一层分为两部分： $l_{11} = \dfrac{l_K}{2}$ $l_{12} = l_1 - \dfrac{l_K}{2} = (10-8.5)\ \text{mm}$	$l_{11} = 8.5\text{mm}$ $l_{12} = 1.5\text{mm}$
位于上半锥的第 1 层部分被夹紧件变形锥小端直径	$d_{W,11}$	$d_{W,11} = d_W$	22.49mm
位于上半锥的第 1 层部分柔度	δ_{P11}	$\delta_{P11} = \dfrac{\ln\left[\dfrac{(d_{W,11}+d_h)\ (d_{W,11}+2l_{11}\tan\varphi-d_h)}{(d_{W,11}-d_h)\ (d_{W,11}+2l_{11}\tan\varphi+d_h)}\right]}{E_{P1}\pi d_h\tan\varphi}$ $= \dfrac{\ln\left[\dfrac{(22.49+17)\ \times\ (22.49+2\times8.5\times0.4083-17)}{(22.49-17)\ \times\ (22.49+2\times8.5\times0.4083+17)}\right]}{205000\pi\times17\times0.4083}\,\text{mm/N}$	$1.4660 \times 10^{-7}\,\text{mm/N}$
第 3 层被夹紧件变形锥小端直径	$d_{W,3}$	由于此为倒锥（从下向上）第一层，因此 $d_{W,3} = d_W$	22.49mm

（续）

名称	符号	计算公式	参数值
第 3 层被夹紧件柔度	δ_{P3}	$\delta_{P3} = \dfrac{\ln\left[\dfrac{(d_{W,3}+d_h)\ (d_{W,3}+2l_3\tan\varphi - d_h)}{(d_{W,3}-d_h)\ (d_{W,3}+2l_3\tan\varphi + d_h)}\right]}{E_{P3}\pi d_h \tan\varphi}$ $= \dfrac{\ln\left[\dfrac{(22.49+17)\ \times\ (22.49+2\times 4\times 0.4083 - 17)}{(22.49-17)\ \times\ (22.49+2\times 4\times 0.4083 + 17)}\right]}{169000\pi \times 17\times 0.4083}\ \text{mm/N}$	1.0512×10^{-7} mm/N
第 2 层被夹紧件变形锥小端直径	$d_{W,2}$	由于此为倒锥（从下向上）第二层， 因此 $d_{W,2} = d_{W,3} + 2\tan\varphi l_3$ $= (22.49 + 2\times 0.4083 \times 4)$ mm	25.756mm
第 2 层被夹紧件柔度	δ_{P2}	$\delta_{P2} = \dfrac{\ln\left[\dfrac{(d_{W,2}+d_h)\ (d_{W,2}+2l_2\tan\varphi - d_h)}{(d_{W,2}-d_h)\ (d_{W,2}+2l_2\tan\varphi + d_h)}\right]}{E_{P2}\pi d_h \tan\varphi}$ $= \dfrac{\ln\left[\dfrac{(25.756+17)\ \times\ (25.756+2\times 3\times 0.4083 - 17)}{(25.756-17)\ \times\ (25.756+2\times 3\times 0.4083 + 17)}\right]}{205000\pi \times 17\times 0.4083}\ \text{mm/N}$	0.4272×10^{-7} mm/N
位于下半锥的第 1 层部分被夹紧件变形锥小端直径	$d_{W,12}$	由于此为倒锥（从下向上）第三层， 因此 $d_{W,12} = d_{W,2} + 2\tan\varphi l_2$ $= (25.756 + 2\times 0.4083 \times 3)$ mm	28.206mm
位于下半锥的第 1 层部分柔度	δ_{P12}	$\delta_{P12} = \dfrac{\ln\left[\dfrac{(d_{W,12}+d_h)\ (d_{W,12}+2l_{12}\tan\varphi - d_h)}{(d_{W,12}-d_h)\ (d_{W,12}+2l_{12}\tan\varphi + d_h)}\right]}{E_{P1}\pi d_h \tan\varphi}$ $= \dfrac{\ln\left[\dfrac{(28.206+17)\ \times\ (28.206+2\times 1.5\times 0.4083 - 17)}{(28.206-17)\ \times\ (28.206+2\times 1.5\times 0.4083 + 17)}\right]}{205000\pi \times 17\times 0.4083}\ \text{mm/N}$	0.1722×10^{-7} mm/N
被夹紧件总柔度	δ_P	$\delta_P = \sum\limits_{i=1}^{3}\delta_{Pi}^{V} = (\delta_{P11}+\delta_{P12}) + \delta_{P2} + \delta_{P3}$ $= \left[(1.4660+0.1722) + 0.4272 + 1.0512\right]\times 10^{-7}\ \text{mm/N}$	3.1166×10^{-7} mm/N

　　分析表 10-2 与表 10-3 的总柔度计算结果，后者正确值为 3.1166×10^{-7} mm/N；前者错误值为 2.2047×10^{-7} mm/N，仅为正确值的 71% 左右。究其原因，表 10-2 中的算法实际上使被夹紧件的变形体下半部分横截面增大，相当于柔度计算公式 $\delta_i = \dfrac{l_i}{E_i A_i}$ 中的分母增大，故而导致柔度值减小，大大地偏离了正确值。

　　另外可以看出，此处采用的算例即 9.2 节中的计算实例（为避免图中各类线条交叉影响观察分析，图 10-2 将被夹紧件结合面基体替代外径扩大表达），但没有采用 9.2 节 R3 -2 中"替换 E_P 相异层"的算式，而采用了与 3.3.2 节程序相同的"分层累加"的算式，其结果一致且正确。同时验证了"替换 E_P 相异层"算式、"分层累加"的算式以及 MATLAB 源程序的正确性。

上述讨论是针对同心夹紧且仅含变形锥的情形，对于其他各类情形参见 3.2.3 节，此处不再赘述。

6. 图 10-3 为德文 VDI 2230 – 1 2015 版[5] 中 3.2 节图 2（中文翻译见本书图 2-6），其椭圆框内式 $f_{SA} = f_{PA}$ 的含义是什么？式中的 f_{SA}、f_{PA} 是分别表示施加工作拉伸载荷后，图 10-3c 中左图（$n = 1$）的螺栓拉伸的增加量、右图（$n < 1$）的被夹紧件压缩的减少量吗？

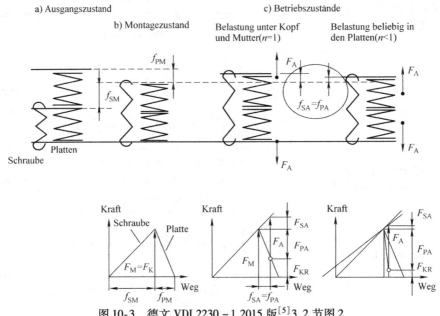

图 10-3 德文 VDI 2230 – 1 2015 版[5] 3.2 节图 2

答：图 10-3c 中椭圆框内式 $f_{SA} = f_{PA}$ 不是指左图的 f_{SA} 与右图的 f_{PA} 相等。

该式的含义是：受轴向工作载荷后的螺栓连接弹簧模型中，在正常使用范围内，无论 $n = 1$ 还是 $n < 1$，在各自的 n 值下，由附加螺栓载荷 F_{SA} 导致的螺栓伸长变形的增加量 f_{SA} 和与其相对应的由附加被夹紧件载荷 F_{PA} 导致的被夹紧件压缩变形的减少量 f_{PA} 是相等的，即：分别有各自的 $f_{SA} = f_{PA}$，参见图 2-6。

7. 代表横截面积的符号 A_{d_3}、A_S 和 A_0，各自的确切含义是什么？用于何处？三者之间有什么区别和联系？为什么在 VDI 算法中，查参考文献 [5] 表 A11 所得的 A_S 与根据参考文献 [5] 公式（132）$A_S = \dfrac{\pi d_S^2}{4} = \dfrac{\pi}{4}\left(\dfrac{d_3 + d_2}{2}\right)^2$ 计算所得的 A_S 值不同？

答：参见表 10-4。

表 10-4　截面积 A_{d_3}、A_S 与 A_0

名称及符号	计算式/取值依据	常见用途	解释
螺纹小径 d_3 处的横截面积 A_{d_3}	$A_{d_3} = \dfrac{\pi d_3^2}{4}$ d_3 查 DIN 13 - 28 或 $d_3 \approx d - 1.0825P$	1）计算螺栓旋合螺纹部分小径的柔度： $\delta_G = \dfrac{l_G}{E_S A_{d_3}}$ 2）计算螺栓的总弯曲柔度：$\beta_S = \dfrac{l_{ers}}{E_S I_3}$，$I_3 = \dfrac{\pi}{64} d_3^4$	标准螺纹对应于各自公称直径的小径 d_3 为确定值，故 A_{d_3} 不随螺栓杆部状况而改变
DIN 13 - 28 规定的应力横截面积 A_S	方法一：查 VDI 2230 - 1 表 A11[5]； 方法二： $A_S = \dfrac{\pi d_S^2}{4}$ $d_S = \dfrac{d_3 + d_2}{2}$	1）用于载荷与应力关系式中，如： $F_{M\,max} = \sigma_{M\,max} A_S$ 2）用于正常杆螺栓时取 $A_0 = A_S$，$d_0 = d_S$ 代入相关的装配应力和许用装配预加载荷计算公式 3）紧螺栓连接过载时，承受切应力的横截面积 $A_\tau = A_S$ 4）偏心加载时，螺栓的弯曲拉伸应力计算，详见参考文献［5］公式（188）	标准螺纹对应于各自公称直径的小径 d_3 和中径 d_2 为确定值，故 $d_S = \dfrac{d_3 + d_2}{2}$ 为确定值，A_S 不随螺栓杆部状况而改变
螺栓相当最小横截面积 A_0	$A_0 = \dfrac{\pi d_0^2}{4}$ 相当最小横截面直径 d_0 取值：①螺栓无螺纹杆部直径 $d_i < d_S$ 时：$d_0 = d_{i\,min}$；②腰状杆螺栓：$d_0 = d_T$；③正常杆螺栓：$d_0 = d_S$	1）计算装配状态相当应力：$\sigma_{red,M} = \sqrt{\left(\dfrac{F_M}{A_0}\right)^2 + 3\left(\dfrac{M_G}{W_P}\right)^2}$；计算许用装配预加载荷：$F_{M\,zul} = \sigma_{M\,zul} A_0 \nu$ 2）与 A_0 相对应的 d_0 用于抗弯/扭截面模量计算，计算公式详见表 7-1 3）计算工作状态螺栓的最大拉伸应力： $\sigma_{Z\,max} = \dfrac{F_{S\,max}}{A_0}$	A_0 随螺栓杆部状况不同而取不同值。（曾见将 A_0 译为"最小横截面"，且取螺栓的最小横截面作为 A_0，实际上是不合适的，详见 7.2.1 节对 A_0 和 d_0 的解释。）

1）A_{d_3}、A_S 和 A_0 三者之间的区别与联系：A_{d_3} 和 A_S 为螺纹固有的尺寸参数，不随螺栓杆部状况改变；而螺栓相当最小横截面积 A_0 随螺栓杆部状况不同而取不同值。对于正常杆螺栓，取 $A_0 = A_S$。应该注意到，$A_0 \neq A_{d_3}$。

2）关于 A_S 值的确定：以 M16 的公制标准螺纹正常杆螺栓为例，根据参考文献［5］公式（132）计算：$A_S = \dfrac{\pi d_S^2}{4} = \dfrac{\pi}{4}\left(\dfrac{d_3 + d_2}{2}\right)^2 = \dfrac{\pi}{4}\left(\dfrac{13.835 + 14.701}{2}\right)^2 \text{mm}^2 = 159.89\text{mm}^2$；而查参考文献［5］的表 A11 得：$A_S = 157\text{mm}^2$。依据参考文献［5］5.5.1 节的阐述，其表 A11 中的 A_S 值应该是考虑了螺纹中径 d_2 和小径 d_3 的下偏差

值而得到的。

8. 从螺栓连接系统（例如图 10-4）中提取单螺栓连接进行分析计算时，应该如何判断是否能形成完整的变形锥？是否取螺栓孔轴线间距 t 作为结合面基体替代外径 D_A？

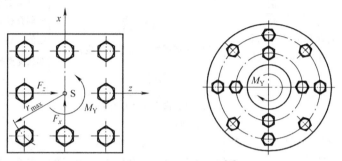

图 10-4　螺栓连接系统[6]

答：不能取螺栓孔轴线间距 t 作为单螺栓连接的结合面基体替代外径 D_A。

现以图 10-5 所示的刚性联轴节螺栓连接系统为例，说明 D_A 的确定及被夹紧件变形体形状的判定。

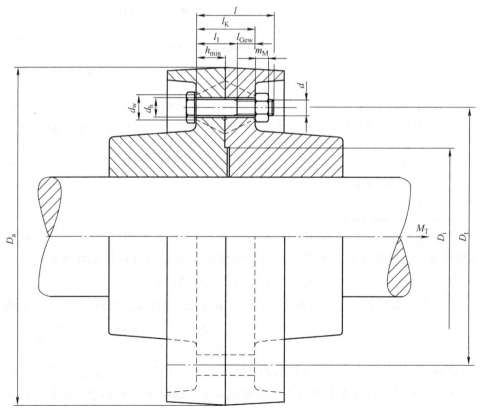

图 10-5　刚性联轴节螺栓连接系统[5]

已知：M16 螺栓数目 $i = 12$，均布于 $D_t = 258mm$ 的圆周上，$D_i = 178mm$，$D_a = 338mm$，$d_W = 22.5mm$，$l_K = 60mm$，$d_h = 17mm$。试判断能否形成完整的变形锥。

解：由式（3-18）计算限制外径（形成完整变形锥的临界直径）

$$D_{A,Gr} = d_W + w l_K \tan\varphi_D$$

式中 $\tan\varphi_D$ 由表 3-2 中式（3-21）计算

$$\tan\varphi_D = 0.362 + 0.032\ln(\beta_L/2) + 0.153\ln y$$

其中：长度比 $\beta_L = l_K/d_W = 60/22.5 \approx 2.67$，直径比 $y = D'_A/d_W$。

求非结合面基体替代外径 D'_A：

由 3.2.3 节 "3. 具有相同杨氏模量的被夹紧件柔度计算"可知，对法兰等多螺栓连接，被夹紧件可近似看作圆柱体考虑。用作替代的圆柱体外径通常用结合面上的平均边缘距离的两倍来计算，其值由结合面尺寸确定。

根据此螺栓连接系统的结构及螺栓分布，径向：

$$D'_{A1} = \frac{D_a - D_i}{2} = \frac{338 - 178}{2}mm = 80mm$$

圆周方向：

由 4.2 节可知，从螺栓连接系统中分离出单螺栓连接时，由于两侧连接变形的影响，不可取孔间距 t 作为替代圆柱的外径，而应将最靠近孔边缘的变形锥的全部范围作为基准来处理，即应取 $2t - d_h$ 作为 D_A 和 D'_A [6]，参见图 4-8。故

$$D'_{A2} = 2t - d_h = \frac{2D_t}{i}\pi - d_h = \left(\frac{2 \times 258}{12} \times \pi - 17\right)mm = 118.09mm$$

径向与圆周方向的平均值

$$D'_{Am} = \frac{D'_{A1} + D'_{A2}}{2} = \frac{80 + 118.09}{2}mm = 99.05mm$$

代入直径比公式，有

$$y = D'_A/d_W = D'_{Am}/d_W = 99.05/22.5 = 4.40$$

代入 $\tan\varphi_D$ 计算式，有

$$\tan\varphi_D = 0.362 + 0.032\ln(2.67/2) + 0.153\ln 4.40 = 0.598$$

对于此例，有结合面基体的平均替代外径 D_{Am} 与非结合面基体平均替代外径 D'_{Am} 一致，因此

$$D_{Am} = D'_{Am} = 99.05mm$$

而

$$D_{A,Gr} = d_W + w l_K \tan\varphi_D = (22.5 + 1 \times 60 \times 0.598)mm$$
$$= 58.38mm < 99.05mm = D_{Am}$$

由于 $D_{A,Gr} < D_A$，因此可以形成完整的变形锥。

此例节选自参考文献［5］例 B2。

9. VDI 2230 –1 中 5.3.3 节标题，德文原版为 "Verhältnisse bei klaffender Verbindung"，英文翻译版为 "Relationships at an opening joint"，有中文翻译版为 "松开连接关系"（参考文献［5］的中文翻译版）或 "开式连接的关系式"（参考文献［13］的中文翻译版），指的是什么样的连接？此处的 "松开" 或 "开式" 应如何理解？

答：参考文献［5］中 5.3.3 节研究的是当螺栓连接发生单侧离缝（$F_A > F_{Aab}$）后，附加螺栓载荷 F_{SA} 与轴向工作载荷 F_A 之间的关系。故此处译为 "连接离缝后的附加螺栓载荷关系式" 可能更加易于理解。

被夹紧件结合面的单侧离缝，在螺栓连接的正常使用中，应该尽量避免。在 VDI 2230 –1：2015 的 5.3.3 节中提到[5]：对于偏离本标准目的（这里 "本标准目的" 是指 "螺栓连接不发生离缝" 的正常状态），利用承载能力储备范围内的轻微单侧离缝情况，附加螺栓载荷已不满足未发生单侧离缝时的 $F_{SA} = f(F_A)$ 关系式（见参考文献［5］5.3.1 节及本书5.3 节），而可以根据附录 D 中的近似方法求得[5]。

10. 承受轴向交变工作载荷的螺栓连接，计算同心夹紧、同心加载时作用于螺栓上的连续交变应力幅 σ_a，可否采用式（10-4）或式（10-5）？

$$\sigma_a = \frac{F_{Ao} - F_{Au}}{2A_S} \tag{10-4}$$

$$\sigma_a = \frac{F_{So} - F_{Su}}{2A_S} \tag{10-5}$$

答：不可以采用式（10-4），可以采用公式（10-5）。

对于同心夹紧、同心加载，交变应力幅 σ_a 与轴向附加螺栓载荷 F_{SA} 的最大值 F_{SAo}、最小值 F_{SAu} 之间的关系见式（7-48）（参见 7.2.3 节）

$$\sigma_a = \frac{F_{SAo} - F_{SAu}}{2A_S}$$

仅由轴向工作载荷 F_A 加载（$M_B = 0$）的情况下，将式（5-5）$F_{SA} = \Phi F_A$ 代入式（7-48）得

$$\sigma_a = \frac{F_{SAo} - F_{SAu}}{2A_S} = \Phi \frac{F_{Ao} - F_{Au}}{2A_S} \neq \frac{F_{Ao} - F_{Au}}{2A_S} \tag{10-6}$$

另根据式（10-1）可知，在上述讨论的情况下，有

$$F_S = F_M + \Phi F_A - \Delta F_{Vth} = F_M + F_{SA} - \Delta F_{Vth} \tag{10-7}$$

$$F_{SA} = F_S - F_M + \Delta F_{Vth} \tag{10-8}$$

将式（10-8）代入式（7-48），有

$$\sigma_a = \frac{F_{SAo} - F_{SAu}}{2A_S} = \frac{(F_{So} - F_M + \Delta F_{Vth}) - (F_{Su} - F_M + \Delta F_{Vth})}{2A_S} = \frac{F_{So} - F_{Su}}{2A_S}$$

即式（10-5）成立。

在同心夹紧、同心加载，$n = 1$ 的情况下，工作载荷 F_A 在 F_{Au} 与 F_{Ao} 之间变化时，则螺栓拉力 F_S 将在 F_{Su} 与 F_{So} 之间变化，如图 10-6 所示。由此证实了交变应力幅 σ_a 可采用式（7-48）或式（10-5）计算，不可以采用式（10-4）计算。

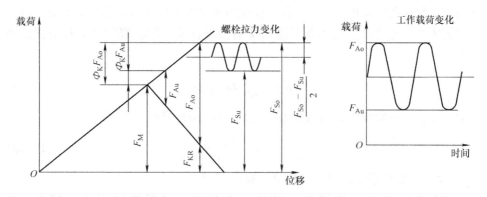

图 10-6　工作载荷变化时螺栓拉力的变化

对比图 10-6 与大家熟悉的机械设计算法中的图 7-1，可更好地体会并加深理解 σ_a 的分析计算。

11. 在螺栓抗剪强度的校核中，有哪些常见问题/误区需要特别注意？

按以下几点分别讨论：

1）VDI 2230 – 1 标准研究的是常规所指的"普通紧螺栓连接"，靠摩擦承受垂直于螺栓轴线方向的载荷，因此是否可以省略螺栓的抗剪强度校核？

答：参考文献［23］介绍：无论外力的大部分还是全部由摩擦力来承担，结构中承受垂直于螺栓轴线方向载荷的螺栓连接均需要进行螺栓的抗剪强度校核。VDI 2230 – 1 介绍：其原因是确保螺栓连接超载时能有限制地继续使用，或者能够通过预设的断裂点失效而保护位于力作用线中的其他元件[5]。

对于仅承受轴向工作载荷 F_A 和/或工作力矩 M_B，而不含垂直于螺栓轴线方向载荷的螺栓连接，略去含"抗剪强度校核"的步骤 R12，见参考文献［5］例 B1。

2）VDI 2230 – 1 标准中，螺栓的抗剪强度 τ_B 可否由参考文献［5］表 A9 查得？

答：VDI 2230 – 1 标准中，有关螺栓抗剪强度 τ_B 的论述见参考文献［5］5.5.6 节及例 B2 中计算步骤 R12。在参考文献［5］正文及例题中，均未见由表 A9 查得螺栓抗剪强度 τ_B 的介绍。

相关的讨论及计算实例见本书第 7 章 7.2.6 节及表 9-13、表 9-30。

3）对螺栓抗剪强度的校核（静载荷下），采用 VDI 算法与机械设计算法有何异同之处？

答： 如 7.1 节所述，在机械设计算法中，对于靠摩擦承受垂直于螺栓轴线方向载荷的"普通紧螺栓连接"，一般不涉及螺栓抗剪强度的校核。而对于铰制孔用螺栓连接，参见 1.1 节表 1-1，工作时螺栓在连接的结合面处受剪切，并且螺杆与被夹紧件孔壁互相挤压，因此，连接的主要失效形式是螺杆被剪断及螺杆或孔壁被压溃。此处仅讨论本条提出的抗剪强度计算问题。螺栓杆的抗剪强度条件为[2]

$$\tau_Q = \frac{4F_Q}{\pi d_\tau^2} \leq \tau_{Q\,zul} \tag{10-9}$$

式中　$\tau_{Q\,zul}$——螺栓的许用切应力，由式（10-10）求得。

$$\tau_{Q\,zul} = \frac{R_{p0.2}}{S} \tag{10-10}$$

式中　S——安全系数，对于静载荷，取 $S = 2.5$。

欲对普通紧螺栓连接进行抗剪强度校核，同理可借用式（10-9）和式（10-10）。

采用 VDI 算法，普通紧螺栓连接中，避免螺栓被剪切破坏的强度条件为：$\tau_{Q\,max} < \tau_B$，抗剪切安全系数式为：$S_A = \tau_B / \tau_{Q\,max} \geq 1.1$，参见式（7-75）和式（7-77）。其中：螺栓横截面 A_τ 上的最大切应力：$\tau_{Q\,max} = F_{Q\,max}/A_\tau$，参见式（7-73）；螺栓的抗剪强度 $\tau_B = R_m(\tau_B/R_m)$，参见式（7-76）。其抗剪强度比 (τ_B/R_m) 由表 7-3 查得。抗拉强度 R_m 根据 DIN EN ISO 898 -1 确定。详见 7.2.6 节。

在德国作者 Dieter Muhs 等编著的 Roloff/Matek Maschinenelemente（机械设计）[23] 中，螺栓的抗剪强度条件为

$$\tau_Q = \frac{F_Q}{A_\tau} \leq \tau_{Q\,zul} \tag{10-11}$$

对于钢结构，螺栓的许用切应力 $\tau_{Q\,zul} = \alpha_Q R_m/S$；安全系数 $S = 1.1$；计算螺栓许用切应力的系数 α_Q 由表 10-5 查得。

表 10-5　对应于螺栓性能等级的 α_Q 值[23]

螺栓的性能等级	4.6	5.6	8.8	10.9（剪切面不在螺纹处）	10.9（剪切面在螺纹处）
α_Q		0.6		0.55	0.44

为了便于对比分析，现以参考文献［5］例 B2 中计算步骤 R12 为例，分别采用①国内传统机械设计算法[2]；②参考文献［23］中介绍的算法；③VDI 算法[5] 进行螺栓抗剪强度校核。参见表 10-6。已知螺栓的相关参数为：规格：

M16；性能等级：10.9；剪切力：8400N；抗拉强度：1000MPa；屈服强度：900MPa；剪切面在螺栓杆处，螺栓剪切面的直径：16mm。

表 10-6　螺栓抗剪强度校核　　　　　　　　　　（单位 MP）

算法	切应力计算	抗剪强度校核
机械设计算法		$\tau_Q \leqslant \dfrac{R_{p0.2}}{S} = \dfrac{900}{2.5} = 360$
参考文献［23］中介绍的算法	$\tau_Q = \dfrac{F_Q}{A_\tau} = \dfrac{8400}{201.06} = 41.8$	$\tau_Q \leqslant \tau_{Q\,zul} = \dfrac{\alpha_Q R_m}{S} = \dfrac{0.55 \times 1000}{1.1} = 500$
VDI 算法		$\tau_Q < \tau_B = R_m\ (\tau_B/R_m) = 1000 \times 0.62 = 620$

分析对比三种算法：

① 分析机械设计算法中螺栓的许用切应力计算式（10-10），一方面，分子用的是螺栓的屈服强度 $R_{p0.2}$，较之 VDI 算法中分子代入的螺栓的抗拉强度 R_m 要小很多；另一方面，取分母 $S = 2.5$，相当于在分子的位置乘以一个 $1/S = 0.4$ 的系数，此系数较之 VDI 算法中的抗剪强度比（τ_B/R_m）（参见表 7-3）又小很多，而且 S 值的确定没有根据螺栓的性能等级不同而区别对待，必然取值时留有较大的裕量，因此得出的许用切应力值较小，算法较为保守，偏于安全。

② VDI 算法则根据不同的螺栓性能等级，确定抗剪强度比（τ_B/R_m），其算法可使得螺栓的抗剪切潜力得到更为充分地利用。

③ 参考文献［23］中介绍的算法居于机械设计算法和 VDI 算法两者之间。其系数（α_Q/S）随螺栓性能等级变化的趋势与 VDI 算法中（τ_B/R_m）值的变化趋势一致。且对性能等级较高的螺栓，区别对待了剪切面位于螺纹处与否的不同情况。

4）承受横向静载荷的螺栓连接，若还同时承受轴向静载荷，较之单纯仅受横向静载荷的螺栓连接，在其抗剪强度校核方面有什么特殊的要求吗？

答：螺栓连接在承受横向静载荷的情况下，若还同时承受轴向静载荷，则二者将产生相互影响。当 $F_{Q\,max}/F_{Q\,zul\,S} < 0.25$ 或 $F_{S\,max}/F_{S\,zul} < 0.25$ 时，可以忽略此影响不计。强度校核与单纯仅受横向静载荷的螺栓连接相比，除在前面步骤中涉及的螺栓拉伸强度校核之外，在抗剪强度的校核中没有什么特殊的要求。

若同时具有 $F_{S\,max}/F_{S\,zul} \geqslant 0.25$ 和 $F_{Q\,max}/F_{Q\,zul\,S} \geqslant 0.25$，则还需运用公式 $(F_{S\,max}/F_{S\,zul})^2 + (F_{Q\,max}/F_{Q\,zul\,S})^2 \leqslant 1.0$ 进行综合强度校核。详见 7.2.6。

12. 螺栓连接中，夹紧长度 l_K 为所有被相互连接的构件的总厚度之和吗？

答：将夹紧长度 l_K 视为所有被相互连接的构件的总厚度之和，在某些情况下不够严谨。l_K 应根据螺栓连接的具体结构来确定。

事实上，夹紧长度 l_K 应为螺栓头与被夹紧件接触面至螺母（对于螺钉连接为与螺钉旋合，含有内螺纹的连接部件）与被夹紧件接触面之间沿螺栓轴线方向的距离，参见 3.1 节图 3-1。

例如，图 10-7a 所示的减速器上箱盖与下箱体凸缘螺栓连接，上箱盖凸缘厚度为 l_S，下箱体凸缘厚度为 l_X。为降低箱盖、箱体铸件表面的粗糙度，保证连接的紧密性，避免螺栓承受偏心载荷且减少加工面，降低加工成本，该螺栓连接的被夹紧件采用了沉头座（鱼眼坑）结构，如图 10-7b 所示。因此，夹紧长度应为两个被相互连接的构件的夹紧部分厚度 l_1 与 l_2 之和，而非两个被相互连接的构件凸缘厚度之和，即

$$l_\mathrm{K} = l_1 + l_2 \neq l_\mathrm{S} + l_\mathrm{X} \tag{10-12}$$

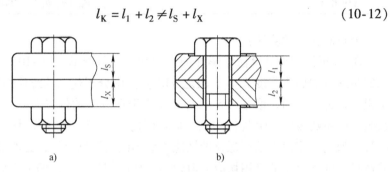

a)　　　　　　　　　　　　b)

图 10-7　减速器上箱盖与下箱体凸缘螺栓连接

另外，在实际应用中，由于连接结构、安全等多方面的需要，在被夹紧件上安装有螺栓处，沿轴线方向凹进一段距离，即厚度比其他部位的厚度小。例如，图 10-8 所示的联轴器上的螺栓连接，联轴器左、右半部缘厚分别为 l_Z、l_Y。由于高速旋转的联轴器禁止将螺栓头部外露，螺栓连接设计如图 10-8 上部剖面图部分所示，故夹紧长度 l_K 小于联轴器左、右两部分缘厚之和（$l_\mathrm{Z} + l_\mathrm{Y}$）。

13. 欲对已有的受轴向动载荷的螺栓连接进行强度校核，但难以确定轴向工作载荷 F_A 作用在被夹紧件中沿高度方向的具体位置（即载荷引入高度 h_K）。从疲劳强度方面考虑，为偏于安全，应按载荷引入位置靠近被夹紧件的结合面情况代入公式计算校核还是反之？为什么？

答：校核已有螺栓连接的疲劳强度，为偏于安全，应按载荷引入位置离被夹紧件的结合面稍远（即 h_K 值稍大）计算。分析讨论如下：

首先，复习交变应力幅 σ_a 的计算原理：为突出主要问题，这里假设螺栓连接为同心夹紧、同心加载，$M_\mathrm{B} = 0$。根据 7.2.3 节的式（7-48）、5.3 节表 5-2 中 F_SA 的计算式和 5.2 节表 5-1 中同心夹紧、同心加载下载荷系数 $\varPhi_\mathrm{n}$ 的计算式，可得

$$\sigma_\mathrm{a} = \frac{F_\mathrm{SAo} - F_\mathrm{SAu}}{2A_\mathrm{S}} = \varPhi_\mathrm{n} \frac{F_\mathrm{Ao} - F_\mathrm{Au}}{2A_\mathrm{S}} = n \frac{\delta_\mathrm{P} + \delta_\mathrm{pZu}}{\delta_\mathrm{S} + \delta_\mathrm{P}} \frac{F_\mathrm{Ao} - F_\mathrm{Au}}{2A_\mathrm{S}} \tag{10-13}$$

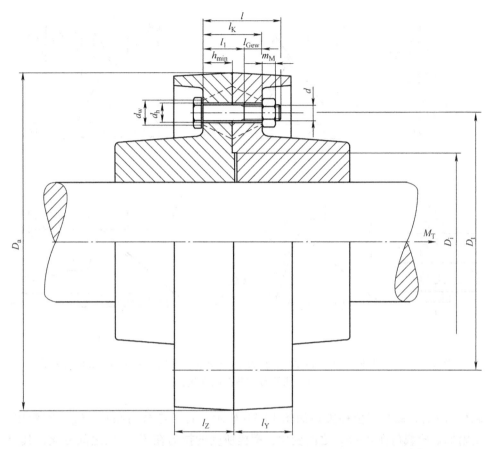

图 10-8　联轴器螺栓连接的左、右两部分缘厚 l_Z、l_Y 与夹紧长度 l_K [5]

其次，分析工作载荷的引入位置对 σ_a 的影响：由式（10-13）可知，在其他参数均不变的情况下，交变应力幅 σ_a 为载荷引入系数 n 的单调增函数。由 4.2.4 节表达"根据载荷引入点的位置而划分连接类型"的图 4-10 和"连接类型 SV1～SV6 的载荷引入系数 n"的表 4-1，可以清楚地看到，载荷引入位置离被夹紧件的结合面越远，n 值越大，因此 σ_a 值也越大。由此可知，若预估的载荷引入位置至结合面的距离远于实际距离，即预估的 h_K 值偏大，n 值随之偏大，最终导致 σ_a 值高于实际值，校核计算结果偏于安全。

最后，再从螺栓连接的载荷与变形关系（详见 2.2.1 节）入手，从源头更加透彻地分析理解此问题：图 10-9 所示的螺栓连接[23]，被夹紧件在受预加载荷 F_V 的作用而压缩变形的基础上，再受工作载荷 F_A 的作用，则被夹紧件被放松。

当 F_A 作用于螺栓头部/螺母与被夹紧件接触的表面（$n=1$）时，被夹紧件在整个夹紧长度 l_K 部分均被放松，如图 10-9a 所示。若 F_A 为静载荷，则附加螺栓

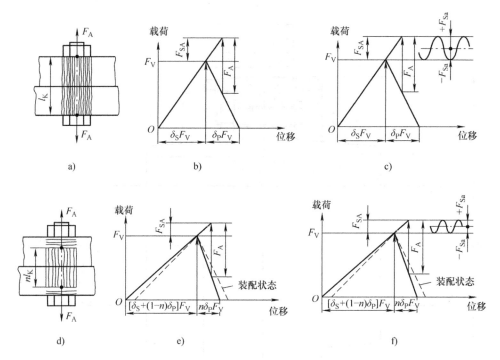

图 10-9 同心夹紧、同心加载螺栓连接载荷引入位置不同时的载荷与变形的关系
（未考虑预加载荷的变化）

载荷为 F_{SA}，载荷 – 位移关系如图 10-9b 所示；若工作载荷在 $0 \sim F_A$ 之间变化，则附加螺栓载荷在 $0 \sim F_{SA}$ 之间变化，螺栓所受的拉力在 $F_V \sim F_S$ 之间变化，其交变拉力的变幅为 F_{Sa}（$F_{Sa} = \sigma_a A_S$），如图 10-9c 所示。

当 F_A 作用于被夹紧件的内部（$n < 1$）时，被夹紧件仅在 nl_K 部分被放松，如图 10-9d 所示。此时，相当于被夹紧件的刚度增大（即柔度减小），图 10-9e、f 中表达载荷 – 位移关系的直线由原装配状态下的虚线变至 $n < 1$ 时的实线位置，即变得更加陡峭；而 nl_K 以外的区域会受到附加载荷，并应将其叠加计算到螺栓上，使得螺栓的弹性增加（即柔度增大），图 10-9e、f 中表达载荷 – 位移关系的直线由原装配状态下的虚线变至 $n < 1$ 时的实线位置，即变得更加平缓。若 F_A 为静载荷，则附加螺栓载荷为 F_{SA}，如图 10-9e 所示；若工作载荷在 $0 \sim F_A$ 之间变化，则附加螺栓载荷在 $0 \sim F_{SA}$ 之间变化，螺栓所受的拉力变幅为 F_{Sa}，如图 10-9f所示。

对比图 10-9c 与 f，可十分清楚地看到，$n < 1$ 时，螺栓所受的拉力变幅 F_{Sa} 较之 $n = 1$ 时的 F_{Sa} 明显变小了。这说明载荷 F_A 的引入位置越靠近被夹紧件的结合面，即 n 值越小，载荷与变形关系越有利，螺栓所受的拉力变幅 F_{Sa} 越小，螺

栓连接的疲劳强度越高。从而说明当预估的 n 值高于实际值时，校核计算结果偏于安全。

结论：在难以判定载荷 F_A 的准确引入位置时，为使设计偏于安全，计算中应按载荷引入位置离被夹紧件的结合面稍远来处理（即按 n 值稍大估算）。

顺便说一下，上述分析也阐明了 8.1 节表 8-1 设计指南中的第 5 项，表 8-2 提高 BJ 工作可靠性措施中有关"载荷引入靠近结合面（$n \to 0$）"可以"降低螺栓的载荷"的依据。

14. 在应用 VDI 算法进行螺栓连接计算时，保留几位小数比较合适？

答：不能一概而论，尤其是在应用软件编制计算程序时需要特别注意。

举一个较为极端的例子：某参数的计算结果为 0.0014932，若在编制程序时，统一设置为保留四位小数，则该参数取值为 0.0015，尚可；若统一设置为保留三位小数，该参数取值为 0.001，与实际结果相差将近三分之一，不可；若统一设置为保留两位小数，且没有被及时发现，那么该参数取值为 0.00，这样很荒谬。若将该参数设置为保留三位或四位有效数字，则比较合理。

所以，计算结果数据如何取值，看似不重要，但实际上有可能导致误差过大，甚至引起重大失误。

因此我们建议：对于一般以 mm 为单位的长度值，保留 2~3 位小数；三角函数值保留 4~5 位小数；柔度值，通常保留 3~5 位有效数字（多采用科学计数法），而不是考虑保留几位小数。总之，对数据保留几位小数或保留几位有效数字，采用何种计数方法等，需根据具体情况分别处理。

附录　主要符号表

符号	意　义
A	横截面积，通用
A_C	螺栓螺纹部分危险截面的面积
A_D	密封区域面积（最大结合面面积减去螺栓通孔面积）
A_{d_3}	DIN 13－28 规定的螺纹小径横截面积
A_N	公称横截面面积
A_P	螺栓头部或螺母承载面积
A_S	依据 DIN 13－28 的螺纹应力横截面积
A_{SG}	轴向加载时，螺纹的剪切截面积
A_{SGM}	轴向加载时，螺母螺纹/内螺纹的剪切截面积
A_{SGS}	轴向加载时，螺栓螺纹的剪切截面积
A_T	螺栓腰状杆处横截面积
A_τ	横向加载时，螺栓的剪切横截面积
A_0	螺栓相当最小横截面积
a	轴向工作载荷 F_A 的等效作用线与虚拟横向对称变形体轴线之间的距离
a_K	预加载区域边缘与载荷引入点之间的距离
a_r	预加载区域边缘与连接横向边缘之间的距离
b	宽度，通用
b_T	结合面区域宽度
BJ	螺栓/螺钉连接，通用
c_T	垂直于宽度 b 的结合面区域尺寸
c_1	螺栓的刚度
c_2	被夹紧件的刚度
$\dfrac{c_1}{c_1+c_2}$	螺栓相对刚度系数
$\dfrac{c_2}{c_1+c_2}$	被夹紧件相对刚度系数
D_A	结合面基体替代外径；若结合面区域不是圆形，则使用平均值
D'_A	非结合面基体替代外径

（续）

符号	意　义
$D_{A,Gr}$	形成完整变形锥的临界直径
D_a	螺母支承区域平面内径（倒角直径）
D_K	变形锥最大外径
D_{Ki}	螺栓头部或螺母承载区域平面内径（取 D_a、d_{ha}、d_h 及 d_a 中的最大值）
D_{Km}	螺栓头部或螺母承载区域摩擦力矩的有效直径
DSV	VDI 2230：2003 标准中表示螺栓连接
D_1	螺母螺纹小径
D_2	螺母螺纹中径
d	螺栓直径 ＝ 螺纹外径（公称直径）
d_a	螺栓头部支承平面内径（位于螺栓杆过渡圆弧的入口）
d_c	螺栓螺纹部分危险截面的直径
d_h	被夹紧件中螺栓孔的孔径
d_{ha}	被夹紧件靠螺栓头部侧支承平面内径（被夹紧件倒角直径）
d_i	夹紧长度区域中第 i 部分螺栓圆柱体单要素的直径
d_P	与被夹紧件相互配合部分的螺栓杆直径；铰制孔螺栓杆直径
d_S	应力横截面积 A_S 的直径
d_T	腰状杆螺栓的杆部直径
d_W	螺栓头部支承平面外径（在螺栓头部过渡圆弧入口）；常称为支承平面外径
d_{Wa}	与被夹紧件接触的垫圈支承平面外径
d_τ	横向加载时，螺栓承受剪切的横截面直径
d_0	螺栓的相当最小横截面直径
d_2	螺栓螺纹中径
d_3	螺栓螺纹小径
E	杨氏模量
E_{BI}	带内螺纹元件的杨氏模量
E_M	螺母的杨氏模量
E_P	被夹紧件的杨氏模量
E_{PRT}	被夹紧件在室温下的杨氏模量
E_{PT}	被夹紧件在不同于室温温度下的杨氏模量
E_S	螺栓材料的杨氏模量
E_{SRT}	螺栓材料在室温下的杨氏模量

（续）

符号	意　义
E_{ST}	螺栓材料在不同于室温温度下的杨氏模量
E_T	杨氏模量，通用，不同于室温温度下
F	力，通用
F_A	螺栓连接的轴向工作载荷，沿轴线方向并与任何方向的工作载荷 F_B 成比例相关
F_{Aab}	偏心加载时，被夹紧件之间发生离缝的极限轴向工作载荷
F_{Aab}^Z	同心加载时，被夹紧件之间发生离缝的极限轴向工作载荷
F_{Ao}	上（最大）轴向工作载荷
F_{Au}	下（最小）轴向工作载荷
F_B	螺栓连接在任何方向上的工作载荷
F_{hc}	由螺栓组所承受的 F_R 和 M_Y 对单个螺栓所产生的合成载荷而构成的横向载荷
F_K	夹紧载荷
F_{KA}	离缝极限时的最小夹紧载荷
F_{Kab}	离缝极限时的残余夹紧载荷
F_{Kerf}	用于保证密封功能、摩擦夹紧和防止结合面单侧离缝所需的最小夹紧载荷
F_{KP}	确保密封功能的最小夹紧载荷
F_{KQ}	通过摩擦力传递横向载荷和/或扭矩的最小夹紧载荷
$F_{KQ\,erf}$	传递横向载荷和/或扭矩所需的夹紧载荷
F_{KR}	结合面的残余夹紧载荷
F_M	装配预加载荷
$F_{M\,ck}$	拧紧力矩为 $M_{A\,ck}$ 时所产生的装配预加载荷
$F_{M\,max}$	螺栓必须设计的最大装配预加载荷，以便保证即使在拧紧技术及操作、预计嵌入不够精确的情况下，也能达到并保持连接所需的夹紧载荷
$F_{M\,min}$	所需的最小装配预加载荷；当 $F_{M\,max}$ 由于拧紧技术及操作、最大摩擦值不够精确的情况下，可能出现的最小装配预加载荷
F_{Msj}	实际装配预加载荷
$F_{M\,Tab}$	VDI 2230 −1[5]中表 A1 ~ A4（$\nu = 0.9$）的装配预加载荷表列值
$F_{M\,zul}$	许用装配预加载荷
$F_{M\,zul\,sj}$	实际选用的许用装配预加载荷值
$F_{M0.2}$	螺栓在规定塑性延伸率为 0.2% 的应力 $R_{p0.2}$（名义屈服强度）的装配预加载荷
F_{mGM}	螺母或内螺纹的临界脱扣力
F_{mGS}	螺栓外螺纹的临界脱扣力
F_{mS}	螺栓上负载未旋合螺纹部分的断裂力

（续）

符号	意　　义
F_{PA}	附加被夹紧件载荷（螺栓连接受轴向工作载荷后，被夹紧件间夹紧载荷的减少量）
F_Q	横向载荷，垂直于螺栓轴线的工作载荷或任意方向工作载荷 F_B 的分量
$F_{Q\,zul\,S}$	螺栓的许用剪切载荷
F_R	螺栓组连接所受的总横向载荷
F_S	螺栓的总拉力
F_{SA}	轴向附加螺栓载荷
F_{SAo}	上（最大）轴向附加螺栓载荷
F_{SAu}	下（最小）轴向附加螺栓载荷
F_{Sa}	螺栓交变拉力的变幅
F_{Sm}	平均螺栓载荷
F_{So}	上（最大）螺栓载荷
F_{SR}	螺栓支承区域的残余夹紧载荷（$F_A < 0$ 时螺栓杆头部下面的残余夹紧载荷）
F_{Su}	下（最小）螺栓载荷
$F_{S\,zul}$	螺栓的许用拉伸载荷
F_t	螺栓拧紧时作用在螺纹中径处的圆周力
F_V	预加载荷，通用
F_{Vab}	离缝极限的预加载荷
F_{VRT}	室温下的预加载荷
$F_{V\,sj}$	机械设计算法中实际采用的装配预加载荷
ΔF_{Vth}	温度变化导致的预加载荷变化；附加热载荷
$\Delta F'_{Vth}$	不同于室温温度导致的（简化）预加载荷变化；近似附加热载荷
ΔF^*_{Vth}	不同于室温温度导致的，要在计算中包含的预加载荷变化
F_{Vl}	初始加载后超过弹性极限拧紧螺栓的预加载荷
F_X	螺栓连接所受的垂直于螺栓轴线，沿 X 轴方向的横向载荷
F_Y	螺栓连接所受的沿螺栓轴线 Y 方向的载荷，轴向载荷
F_Z	嵌入导致的预加载荷损失；螺栓连接所受的垂直于螺栓轴线，沿 Z 轴方向的横向载荷
F_Σ	螺栓组连接所受的总轴向载荷
$F_{0.2}$	在规定塑性延伸率为 0.2% 的应力 $R_{p0.2}$（名义屈服强度）下的载荷
f	由于力 F 作用面产生的弹性线性变形量
f_i	任何部分 i 的弹性线性变形量
f_{PA}	由于 F_{PA} 导致的被夹紧件的弹性线性变形
f_{PM}	由于 F_M 导致的被夹紧件的压缩变形

（续）

符号	意　义
f_{PV}	被夹紧件受预加载荷 F_V 而产生的轴向变形（缩短）量
f_{SA}	由于 F_{SA} 导致的螺栓伸长
f_{SM}	由于 F_M 导致的螺栓伸长
f_{SV}	螺栓受预加载荷 F_V 而产生的轴向变形（伸长）量
f_V	预加载荷导致的螺栓或螺母支承区域轴向位移
f_{VK}	预加载荷导致的载荷引入点轴向位移
f_Z	由嵌入导致的塑性变形，嵌入量
G	螺栓连接结合面区域尺寸的限制值
G'	螺钉连接结合面区域尺寸的限制值
H	螺纹牙形的三角形高度
h	高度，通用
h_k	载荷引入高度
h_{min}	两件被夹紧件中较薄零件的厚度
h_S	垫圈厚度
I	惯性矩，通用
I_{Bers}	变形体的等效惯性矩
$\bar{I}_{Bers}$	去除螺栓孔后变形体的等效惯性矩
I_{BT}	结合面区域惯性矩
I_i	任何截面惯性矩
I_3	螺栓螺纹小径横截面惯性矩
K	载荷引入点
K_G	基体的载荷引入点
K_f	考虑摩擦传力的可靠系数
k_t	拧紧力矩系数
k_V	硬化系数
k_τ	衰减系数
l	长度，通用
l_A	基体与连接体中载荷引入点 K 之间的长度
l_{ers}	螺栓替代弯曲长度；具有与螺栓相同 β_S 值的整个长度上直径均为 d_3 的连续圆柱杆的长度
l_G	螺栓旋合螺纹变形的替代延伸长度
l_{Gew}	负载未旋合螺纹部分的长度

（续）

符号	意　义
l_{GM}	替代延伸长度，l_G 与 l_M 的总和
l_H	变形筒长度
l_i	螺栓单个圆柱体单元长度；第 i 部分组件变形体长度
l_K	夹紧长度
l_l	螺杆长度
l_M	螺母或内螺纹区域旋合螺纹变形替代延伸长度
l_{SK}	螺栓头部螺纹变形替代延伸长度
l_V	变形锥长度
M	力矩，通用
$\Delta M / \Delta \vartheta$	拧紧时施加的拧紧扭矩 M_A 与测得的螺栓扭转角 ϑ 的差商
M_A	螺栓装配预加载荷达到 F_M 时的拧紧力矩
$M_{A\,ck}$	用户事先提出的所选用拧紧力矩的参考值
$M_{A,S}$	采用防松措施或元件时的拧紧力矩
$M_{A\,zul}$	螺栓装配预加载荷达到 $F_{M\,zul}$ 时的拧紧力矩
M_B	作用于螺栓连接点的工作力矩（弯矩）
M_{Bab}	离缝极限的工作力矩
M_{BgesS}	（按比例）作用在螺栓上的弯矩
M_b	偏心施加的轴向载荷 F_A 及 F_S 和/或力矩 M_B 在螺栓连接点处的附加弯矩
M_G	螺纹力矩/拧紧扭矩中，用于克服由螺旋副间的摩擦产生的螺纹力矩而施加于螺栓的部分
M_J	拧紧时螺栓所受的夹持力矩
M_K	螺杆头部或螺母支承区域摩擦力矩，头部摩擦力矩
M_{KI}	夹紧区域产生的力矩
M_{KZu}	附加螺栓头部力矩
M_M	拧紧时螺栓头部的承压面力矩
M_{OG}	上限力矩
M_{UG}	下限力矩
$M_{\ddot{U}}$	过度拧紧力矩
M_{Sb}	作用于螺栓上的附加弯矩
M_T	扭矩
M_{TSA}	由于工作载荷导致的螺栓附加扭矩
M_V	螺栓预加载荷达到 F_V 时的拧紧扭矩
M_X	单个螺栓连接或螺栓连接系统所受的绕 X 轴的力矩
M_Y	单个螺栓连接或螺栓连接系统所受的绕 Y 轴的力矩，即绕螺栓轴线的扭矩

（续）

符号	意　义
M_Z	单个螺栓连接或螺栓连接系统所受的绕 Z 轴的力矩
M_{2ab}	M_{OG} 与 M_{UG} 的平均值
m	力矩引入系数，描述 M_B 对螺栓头部偏斜度的影响
m_{eff}	螺母有效高度或螺纹旋合长度（内外螺纹相互配合长度）
m_{kr}	临界旋合长度或螺母高度
m_M	描述 F_A 对螺栓头部偏斜度影响的载荷引入系数
N	交变循环次数，通用
N_D	循环基数—疲劳曲线有限寿命区与无限寿命区分界点处的交变循环次数
N_Z	载荷的交变循环次数（一般指小于 N_D 的交变循环次数）
n	载荷引入系数，描述 F_A 引入点对螺栓头部位移的影响；通用；用于同心夹紧
n^*	偏心夹紧连接的载荷引入系数
n_M	描述 M_B 对螺栓头部位移影响的力矩引入系数
n_n	内部界面数
n_S	螺栓数量
n_{2D}	二维情形下的载荷引入系数
P	螺纹螺距
p	压力；压强（通用）
p_B	螺栓头部与被夹紧件、螺母与被夹紧件之间工作状态下的表面压力
p_G	极限表面压力，螺栓头部、螺母或垫圈下的最大许用压应力
p_i	被密封的内部压力
p_M	螺栓头部与被夹紧件、螺母与被夹紧件之间装配状态下的表面压力
p_{Mu}	螺母下面的表面压力
p_{QL}	挤压应力
$p_{Q\,zul\,L}$	许用挤压应力
q_F	涉及螺栓连接由于传递力 F_Q 而可能产生滑动或剪切的内部结合面的数量
q_M	涉及螺栓连接由于传递扭矩 M_Y 而可能产生滑动或剪切的内部结合面的数量
R_m	螺栓的抗拉强度；按照 DIN EN ISO 898 –1 的最小值
R_{mM}	螺母的抗拉强度
R_{mS}	螺栓的抗拉强度
$R_{p0.2}$	根据 DIN EN ISO 898 –1，螺栓的规定塑性延伸率为 0.2% 的应力（名义屈服强度）
R_S	强度比
Rz	至少两个单独取样部分的平均表面粗糙度

（续）

符号	意　　义
r	半径，通用
r_a	M_Y作用时，被夹紧件的摩擦半径
r_i	受扭矩作用的螺栓组中，螺栓i的轴线至底板旋转中心的距离；或受倾覆力矩螺栓组中螺栓i的轴线至底板轴线的距离
S	安全系数，通用
S_A	抗剪安全系数
SBJ	单螺栓/螺钉连接
S_D	抗疲劳失效安全系数
S_F	（防止超过屈服强度）工作应力下的安全系数
S_G	抗滑移安全系数
S_P	抗表面压力安全系数
s_{sym}	螺栓轴线与虚拟横向对称变形体轴线之间的距离
T	温度
TBJ	螺栓连接
TTJ	螺钉连接
ΔT	温差
ΔT_P	被夹紧件温差
ΔT_S	螺栓温差
t	多螺栓连接的螺栓间距
U	结合面开缝起始位置
u	开缝点U与虚拟横向对称变形体轴线之间的距离
V	偏心加载连接完全离缝时边缘的支承位置
v	边缘承载点V与虚拟横向对称变形体轴线之间的距离
W	抗弯截面模量；通用
W_P	螺栓横截面的抗扭截面模量
W_{Ppl}	在完全塑性状态下，螺栓横截面的抗扭截面模量
W_S	螺栓横截面的抗弯截面模量
W_{Spl}	在完全塑性状态下，螺栓横截面的抗弯截面模量
W_b	弹性状态下，螺栓横截面的抗弯截面模量
w	表达（螺栓/螺钉）连接类型的连接系数
y	直径比

（续）

符号	意　义
α	螺纹牙型角
α_A	拧紧系数
α_P	被夹紧件线性热膨胀系数
α_Q	计算螺栓许用切应力的系数
α_S	螺栓线性热膨胀系数
α_{VA}	单位工作载荷（$F_A = 1N$）导致的螺栓头部相对于螺栓轴线的偏斜度
β	弯曲柔度，通用
β_G	旋合螺纹部分的弯曲柔度
β_{Gew}	负载未旋合螺纹部分的弯曲柔度
β_{GM}	旋合螺纹和螺母或螺钉被夹紧件内螺纹区域的弯曲柔度
β_i	螺栓第 i 部分的弯曲柔度
β_L	长度比
β_M	螺母或（螺钉连接件）内螺纹区域的弯曲柔度
β_P	被夹紧件的弯曲柔度
β_P^Z	同心夹紧时被夹紧件的弯曲柔度
β_S	螺栓的弯曲柔度
β_{SK}	螺栓头部的弯曲柔度
β_{VA}	单位工作力矩（$M_B = 1Nm$）导致的螺栓头部相对于螺栓轴线的偏斜度
γ	偏心加载导致的被夹紧件的偏斜度或倾斜角度；弯曲角度
γ_P	单位附加螺栓载荷（$F_{SA} = 1N$）导致的螺栓头部相对于螺栓轴线的偏斜度
γ_S	螺栓的弯曲角度
γ_{VA}	单位工作力矩（$M_B = 1N \cdot m$）导致的螺栓头部的轴向位移
δ	柔度，通用
δ_G	螺栓旋合螺纹部分小径的柔度
δ_{Gew}	负载未旋合螺纹部分的柔度
δ_{GM}	螺栓和螺母（或螺钉被夹紧件内螺纹区域）旋合螺纹部分的柔度
δ_i	任何部分 i 的柔度
δ_M	螺母或螺钉连接被夹紧件的内螺纹区域旋合螺纹部分的柔度
δ_P	同心夹紧和同心加载下被夹紧件的柔度

（续）

符号	意　义
δ_P^H	变形筒的柔度
δ_P^V	变形锥的柔度
δ_P^Z	同心夹紧时被夹紧件的轴向柔度
δ_P^*	偏心夹紧时被夹紧件的柔度
δ_P^{**}	偏心夹紧、偏心加载时被夹紧件的柔度
δ_{PZu}	螺钉连接被夹紧件的补充柔度
δ_S	螺栓的柔度
δ_{SK}	螺栓头部的柔度
δ_{VA}	单位工作载荷（$F_A = 1N$）导致的螺栓头部的轴向位移
ε	线应变
ϑ	拧紧螺栓时的转动角度
μ_G	螺纹的摩擦系数
μ'_G	三角螺纹的当量摩擦系数
μ_K	螺杆头部或螺母支承区域的摩擦系数
μ_T	结合面静摩擦系数
ν	拧紧时屈服强度应力利用系数（危险横截面完全塑性变形的极限值）
ρ'	三角螺纹的当量摩擦角
σ	正应力
σ_{Ac}	疲劳极限应力幅（相对面积 A_c）
σ_{AS}	疲劳极限应力幅（相对面积 A_S）
σ_{ASG}	热处理后滚丝螺栓无限寿命疲劳极限应力幅
σ_{ASV}	热处理前滚丝螺栓无限寿命疲劳极限应力幅
σ_{AZSG}	热处理后滚丝螺栓有限寿命疲劳极限应力幅
σ_{AZSV}	热处理前滚丝螺栓有限寿命疲劳极限应力幅
σ_a	同心夹紧、同心加载时，作用于螺栓上的连续交变应力幅
σ_{ab}	偏心夹紧和/或偏心加载时，作用于螺栓上的连续交变应力幅
σ_b	弯曲应力
σ_M	F_M 导致的螺栓拉伸应力
$\sigma_{M\,zul}$	许用装配预加应力

（续）

符号	意　义
σ_{red}	相当应力
$\sigma_{red,B}$	工作状态下的相当应力
$\sigma_{red,M}$	装配状态下的相当应力
$\sigma_{red,M\,zul}$	螺栓装配状态下的许用相当应力
σ_{r4}	按照第四强度理论求得的相当应力
σ_{SAb}	偏心加载和/或偏心夹紧时，由 F_{SA} 和弯矩 M_b 导致的螺栓弯曲拉伸应力
σ_{SAbo}	σ_{SAb} 的最大值
σ_{SAbu}	σ_{SAb} 的最小值
σ_V	由 F_V 导致的拉伸应力
σ_Y	沿螺栓轴线 y 方向的应力
σ_Z	工作状态下螺栓的拉伸应力
σ_{zul}	螺栓许用拉应力
τ	由 M_G 导致的扭转切应力
τ_B	抗剪强度
τ_{BM}	内螺纹材料的抗剪强度
τ_{BS}	螺栓的抗剪强度
τ_M	装配状态下 M_G 导致的扭转切应力
τ_Q	F_Q 所导致的切应力
$\tau_{Q\,zul}$	螺栓的许用切应力，τ_Q 的许用值
τ_S	螺栓所受的切应力
Φ	载荷系数，相对柔度系数，通用
Φ_e	偏心施加轴向载荷 F_A 时的载荷系数
Φ_{eK}	载荷引入点为螺栓头部和螺母支承区域平面，同心夹紧、偏心加载情况下的载荷系数
Φ_{eK}^*	载荷引入点为螺栓头部和螺母支承区域平面，偏心夹紧、偏心加载情况下的载荷系数
Φ_{en}	载荷引入点位于被夹紧件内时，同心夹紧、偏心加载情况下的载荷系数
Φ_{en}^*	载荷引入点位于被夹紧件内时，偏心夹紧、偏心加载情况下的载荷系数
Φ_K	载荷引入点为螺栓头部和螺母支承区域平面时，同心夹紧、同心加载情况下的载荷系数
Φ_K^*	载荷引入点为螺栓头部和螺母支承区域平面，偏心夹紧、同心加载情况下的载荷系数
Φ_m	纯力矩负载（M_B）、同心夹紧情况下的载荷系数

符号	意　义
Φ_m^*	纯力矩负载（M_B）、偏心夹紧情况下的载荷系数
Φ_n	载荷引入点位于被夹紧件内时，同心夹紧、同心加载情况下的载荷系数
Φ_n^*	载荷引入点位于被夹紧件内时，偏心夹紧、同心加载情况下的载荷系数
φ	螺栓螺纹中径处的螺旋升角；变形锥的角度
φ_D	螺栓连接变形锥的角度
φ_E	螺钉连接变形锥的角度

参 考 文 献

[1] 邱宣怀，郭可谦，吴宗泽，等. 机械设计 [M]. 4 版. 北京：高等教育出版社，1997.

[2] 孙志礼，马星国，黄秋波，等. 机械设计 [M]. 北京：科学出版社，2008.

[3] 于惠力，冯新敏，李广慧. 连接零部件设计实例精解 [M]. 北京：机械工业出版社，2009.

[4] 成大先. 机械设计手册：连接与紧固（单行本） [M]. 6 版. 北京：化学工业出版社，2017.

[5] Verein Deutscher Ingenieure. Systematic calculation of highly stressed bolted joints：Joints with one cylindrical bolt：VDI 2230 – 1：2015 [S]. Berlin：German Society for Science and Technology，2015.

[6] Verein Deutscher Ingenieure. Systematic calculation of highly stressed bolted joints：Multi bolted joints：VDI 2230 – 2：2014 [S]. Berlin：German Society for Science and Technology，2014.

[7] 濮良贵，陈国定，吴立言. 机械设计 [M]. 9 版. 北京：高等教育出版社，2013.

[8] 孙桓，陈作模，葛文杰. 机械原理 [M]. 8 版. 北京：高等教育出版社，2013.

[9] 刘鸿文. 材料力学 [M]. 6 版. 北京：高等教育出版社，2017.

[10] 卜炎. 螺纹联接设计与计算 [M]. 北京：高等教育出版社，1995.

[11] 叶其孝，沈永欢. 实用数学手册 [M]. 2 版. 北京：科学出版社，2006.

[12] 山本晃. 螺纹联接的理论与计算 [M]. 郭可谦，等译. 上海：上海科学技术文献出版社，1984.

[13] Verein Deutscher Ingenieure. Systematic calculation of highly stressed bolted joints：Joints with one cylindrical bolt：VDI 2230 – 1：2003 [S]. Berlin：German Society for Science and Technology，2003.

[14] 张晓庆. 阀门环形螺栓组装配工艺优化及其实验研究 [D]. 哈尔滨：哈尔滨工业大学，2013.

[15] 徐海东. 汽车螺纹紧固件连接质量及拧紧工艺的分析应用 [D]. 合肥：合肥工业大学，2020.

[16] 黄霞飞. 螺栓的液压拧紧与热把合 [J]. 水电站机电技术，1991 (4)：26 – 30.

[17] 全国紧固件标准化技术委员会. 六角头螺栓：GB/T 5782—2016 [S]. 北京：中国标准出版社，2016.

[18] 全国螺纹标准化技术委员会. 普通螺纹 基本尺寸：GB/T 196—2003 [S]. 北京：中国标准出版社，2003.

[19] 全国紧固件标准化技术委员会. 紧固件 螺栓和螺钉通孔：GB/T 5277—1985 [S]. 北京：中国标准出版社，1985.

[20] International Organization for Standardization. Hexagon regular nuts（style 1）：product grades A and B：ISO 4032：2012 [S]. Geneva：International Organization for Standardization，2012.

[21] 中车戚墅堰机车车辆工艺研究所. 机车车辆螺栓连接设计准则 第 2 部分：机械应用设

计：TB/T 3246.2—2019［S］．北京：中国铁道出版社，2019.

［22］蒋田芳，于春，郑静．解析铁道行业标准《机车车辆螺栓连接设计准则》［J］．铁道技术监督，2021，49（8）：1－6.

［23］穆斯，维特，贝克，等．机械设计：原书·第16版［M］．孔建益，译．北京：机械工业出版社，2012.